电力调控员上岗培训教程

国网浙江电力调度控制中心
国网杭州供电公司 编

地调篇

中国电力出版社
CHINA ELECTRIC POWER PRESS

内容提要

本书作为电力调控员上岗培训教程的分册，是继省调篇之后，面向全省各地区地（市）级电力调度以及电网监控工作人员的培训教程。

本书较为全面、系统地阐述了地区电网调控运行的基本情况及工作流程和技术知识，全书分为三部分，共13章。第一部分介绍了浙江省地（市）电网的基本情况，以及调度控制工作所接触的相关专业知识；第二部分对地区电网调控日常工作及地区调控员的岗位职责做了详尽的说明；第三部分着重对电网调度事故处理的案例进行了分析和研究。

本书既作为地（市）级调度专业电力调控员的培训教材，也是日常调控岗位工作的规范。同时也适合其他地区级调控运行人员参考。

图书在版编目（CIP）数据

电力调控员上岗培训教程．地调篇／国网浙江省电力公司电力调度控制中心，国网杭州供电公司编．—北京：中国电力出版社，2016.1

ISBN 978-7-5123-8368-5

Ⅰ．①电…　Ⅱ．①国…②国…　Ⅲ．①电力系统调度—岗前培训—教材　Ⅳ．①TM73

中国版本图书馆CIP数据核字（2015）第237920号

中国电力出版社出版、发行

（北京市东城区北京站西街19号　100005　http://www.cepp.sgcc.com.cn）

北京市同江印刷厂印刷

各地新华书店经售

*

2016年1月第一版　　2016年1月北京第一次印刷

787毫米×1092毫米　16开本　10印张　234千字

印数0001—2000册　　定价 **40.00** 元

编 委 会

前 言

“大运行”体系建设以来，电网调度运行和设备监控运行实现了职能的融合，调控班的功能定位也由原先的运行一线变为电网运行的数据中心、分析中心和指挥中心，对调度和监控人员的综合素质提出了新的要求，原有的调度员培训方式已不适应现在的要求。

原有的调度员培训教材多为专业性的分散教材或技术问答，始终缺少针对性更强和内容更系统、更具体的岗位实用技术教材。为了加快调控岗位人才培养和专业融合，构建合理的梯队建设，总结和巩固调控一体化建设以来的成果和经验，特编制本书。

本书作为电力调度员上岗培训教程的分册，以地区调控员岗位工作所必需的知识和技能为主要研究对象，系统地阐述了浙江地区电网调控运行岗位应知应会的规程、规定、工作内容及工作规范。本书立足岗位技能培训，内容全面而实用，力图给读者一个地区调控岗位工作系统完整的概念，最终能达到有利于岗位培训工作和规范日常调度岗位工作的目的。

本书较为全面、系统地阐述了地区电网调控运行的基本情况及工作流程和技术知识，全书分为三部分，共 13 章。第一部分介绍了浙江省地（市）电网的基本情况，以及调度控制工作所接触的相关专业知识；第二部分对地区电网调控日常工作及地区调控员的岗位职责做了详尽的说明；第三部分着重对电网调度事故处理的案例进行了分析和研究。

第一章简单介绍浙江地（市）电网、地区调控中心的基本情况；第二章介绍了电力安全生产法、电力安全工作规程和电业生产事故调度规程、地区调控规程等与调度相关的法规制度；第三～四章介绍了地区电厂的运行知识和变电站一、二次设备的基础知识；第五～六章介绍了地区电网运行方式的管理和继电保护及安全自动装置的配置；第七章介绍了地区电网调度监控自动化系统的基本操作和系统特点；第八～十章分别介绍地区调控日常工作、调度及监控工作规范和基本要求；第十一章介绍了调度事故预想和反事故演习工作机制；第十二～十三章分别介绍了常见电力系统事故的因素和较为典型的事故案例。

本书既作为浙江地（市）级调度专业电力调控员的培训教材，同时也是对日常调控岗位工作的规范。由于电网调控运行工作的内在统一性，也适合其他地区级调控运行人员参考阅读。

本书所有章节内容都是由地区调控员分工完成的。本书在编写过程中，得到了浙江省调控中心领导和其他专业有关人员的关心和技术支持，在此表示衷心的感谢。同时感谢中国电力出版社有关领导对本书编撰工作的悉心指导和帮助。

限于编者水平，加之时间仓促，书中难免存在一些不足之处，敬请广大读者提出宝贵意见。

编　者

2015 年 12 月

目 录

第二部分　调度控制工作规范

第三部分　事故案例及调控处置

第一部分

电网概述和基本知识

第1章 浙江省地区电网介绍

1.1 浙江省地（市）电网情况简介

浙江电网是全国最大的跨省区域电网——华东电网的一个重要组成部分。浙江电网经过近几年的快速发展，已经建成“以500kV电网为主网架、220kV电网为支撑、网络遍布浙江城乡、结构合理、技术先进、经济适用”的一个具有高电压、大机组、高参数的大型省级电网。

浙江省电力公司是国家电网公司的全资公司。伴随着浙江经济社会的发展和电力体制的变革，目前公司已成为一家以电网经营为主的国有特大型能源供应企业，负责浙江电网的建设、运行、管理和经营，为浙江省经济社会发展和人民生活提供电力供应和服务。

目前，公司拥有11个市级供电企业、64个县级供电企业、1个水电厂和16家主要面向电力行业服务的建设、设计、试验科研、学校等直属单位。公司管辖范围有员工近100000人。公司近年来先后荣获中国一流电力公司、省文明行业、全国五一劳动奖状、电力行业AAA级信用企业、全国电力供应行业排头兵企业、全省最具社会责任企业、浙企常青树和浙江省文化建设示范点等称号。

浙江电网内统调机组以火电为主，约占94.5%，水电约占4.63%，核电约占0.9%。浙江电网500kV变电站已经超过30座，220kV厂站超过200座，110kV厂站超过1100座。220kV及以上线路已经超过700回，线路总长度超过20000km，110kV线路已经超过2200回，线路总长度超过20000km。

1.2 地区电力调度控制中心概况

浙江电网已形成完善的省、地、县三级调度机构。浙江电力调度通信中心在电网调度关系上接受国调和华东网调的领导，并对所辖的11个地区调度和69个县级调度机构以及各统调发电厂实施调度业务分级管理，根据《电力法》、《电网调度管理条例》和《浙江省电力系统调度规程》依法调度，满足用户的用电需求。

各地区电力调度控制中心是地区供电公司本部主要部门之一，具有生产和管理双重职能，是该地区电网的调度指挥中心，负责地区电网的运行、操作及事故处理，保障地区电网安全、优质、经济运行。

各地区电力调度控制中心的主要工作任务为：负责地区电网运行的调度管理并制定有关规章制度和技术标准；执行浙江省调发布的调度指令；负责保障地区电网安全、优质、经济运行，组织编制和执行地区电网的运行方式，批准调度管辖范围内设备的检修并负责操作管理及事故处理；指挥并实施考核调峰、调频、调压，使电能质量指标符合国家规定的标准；

实施“三公”调度，在满足社会和人民生活用电需要的同时，维护各发、供电企业和电力投资者的合法权益；参加地区电网通信网络、继电保护和自动化系统的规划和实施，并负责运行管理和技术管理；参加电网建设规划及有关工程设计的审查等。

各地区电力调度控制中心设有调度控制室、方式计划室、自动化室、继电保护室、综合室五个专业科室及地区调度班、地区监控班、配网调控班、抢修指挥班和自动化运维班五个生产班组。

在省公司和各地区供电公司的领导下，各地区电力调度控制中心全体职工不断弘扬“团结、进取、严谨、开拓”的企业精神，在深化电力体制的改革中，按照国家电网公司的发展战略，依法实施调度管理，积极为浙江社会经济发展服务，加快与国际水平接轨，努力实现主干通道光纤化、信息传输网络化、调度决策智能化、运行指标国际化、专业管理现代化，努力构建管理一流、技术一流、服务一流、装备一流和人才队伍一流的电网调度机构。

第2章　调控工作相关法规制度

本章结合电网调度运行工作实际，简要摘录了《中华人民共和国安全生产法》、《国家电网公司电力安全工作规程》、《电力安全事故应急处置和调查处理条例》、《电业生产事故调查规程》、《电网调度管理条例》、《电网运行准则》中与调度控制工作最为紧密的相关条款作为知识点进行罗列，并对其中的一些条款做必要的阐述。

2.1 《中华人民共和国安全生产法》

《中华人民共和国安全生产法》于2002年11月1日实施，它是我国安全生产领域的第一部基本法，是安全生产法制建设的里程碑，标志着我国安全生产工作进入一个新阶段。它第一次以立法形式提出了安全生产的基本方针——“安全第一、预防为主”，打破与纠正了长期以来“重生产、轻安全”的传统观念，明确了在生产活动中“把安全工作放第一位、生产要服从安全”的原则。安全生产是企业生存和发展的基础。

2014年8月31日第十二届全国人民代表大会常务委员会第十次会议通过关于修改《中华人民共和国安全生产法》的决定，自2014年12月1日起施行。《中华人民共和国安全生产法》要求在安全生产中贯彻以下几大原则：

（1）“管生产必须管安全”原则。明确了企业法人代表对企业安全生产工作负有全面责任，是企业安全生产的第一责任人；

（2）安全生产管理应贯彻“以人为本”的原则；

（3）“保人身、保财产”的原则；

（4）“谁主管、谁负责”的原则；

（5）“持续改进”的原则。

2.2 《国家电网公司电力安全工作规程》

《国家电网公司电力安全工作规程》（简称《安规》）是指导一切电力安全工作的行为规范，它主要是规范人的行为，保证电网、设备、人身安全。随着电网生产技术快速发展，特别是跨区±500kV直流输电工程、750kV交流输电工程、1000kV特高压交流试验示范工程投入运行，2005年版《安规》在内容上已经不能满足电力安全工作实际需要。为保证国家电网公司电力安全工作规程的一致性，2009修订版《安规》把2005版《国家电网公司电力安全工作规定（变电站和发电厂电气部分）》改为《国家电网公司电力安全工作规程（变电部分）》，把《国家电网公司电力安全工作规定（电力线路部分）》改为《国家电网公司电力安全工作规定（线路部分）》。目前实施的《国家电网公司电力安全工作规程》是2013年修订的版本。由于电力调度的调度管辖范围既包括了变电设备又包括了电力线路，所以电力调控员对两部分相关条款均应有较好的理解和掌握。考虑到电力调度非现场作业的工作特点，下面简要摘录了地区电力调控员应重点掌握的基本常识内容。

2.2.1　作业人员的基本条件

（1）经医师鉴定，无妨碍工作的病症（体格检查每两年至少一次）；

（2）具备必要的电气知识和业务技能，且按工作性质，熟悉本规程的相关部分，并经考试合格；

（3）具备必要的安全生产知识，学会紧急救护法，特别要学会触电急救。

2.2.2　教育和培训

（1）各类作业人员应接受相应的安全生产教育和岗位技能培训，经考试合格上岗。

（2）作业人员对本规程应每年考试一次。因故间断电气工作连续三个月以上者，应重新学习本规程，并经考试合格后，方能恢复工作。

（3）新参加电气工作的人员、实习人员和临时参加劳动的人员（管理人员、临时工等），应经过安全知识教育后，方可下现场参加指定的工作，并且不得单独工作。

（4）外单位承担或外来人员参与公司系统电气工作的工作人员应熟悉本规程，并经考试合格，方可参加工作。工作前，设备运行管理单位应告知现场电气设备接线情况、危险点和安全注意事项。

（5）任何人发现有违反本规程的情况，应立即制止，经纠正后才能恢复作业。各类作业人员有权拒绝违章指挥和强令冒险作业；在发现直接危及人身、电网和设备安全的紧急情况时，有权停止作业或者在采取可能的紧急措施后撤离作业场所，并立即报告。

2.2.3　电气设备

电气设备分为高压和低压两种，高压电气设备是指电压等级在1000V及以上者；而低压电气设备是指电压等级在1000V以下者。

2.2.4　高压设备工作的基本要求

（1）运行人员应熟悉电气设备。单独值班人员或运行值班负责人还应有实际工作经验。

（2）高压设备符合下列条件者，方可由单人值班或单人操作：

1）室内高压设备的隔离室设有遮栏，遮栏的高度在1.7m以上，安装牢固并加锁者；

2）室内高压断路器（开关）的操动机构用墙或金属板与该断路器（开关）隔离或装有远方操动机构者。

（3）无论高压设备是否带电，工作人员不得单独移开或越过遮栏进行工作；若有必要移开遮栏时，必须有监护人在场，并符合表2-1的安全距离。

表2-1　设备不停电时的安全距离

电压等级（kV）	安全距离（m）	电压等级（kV）	安全距离（m）
10 及以下（13.8）	0.70	220	3.00
20、35	1.00	330	4.00
63（66）、110	1.50	500	5.00

（4）室内母线分段部分、母线交叉部分及部分停电检修易误碰有电设备的，应设有明显

标志的永久性隔离挡板（护网）。

（5）待用间隔（母线连接排、引线已接上母线的备用间隔）应有名称、编号，并列入调度管辖范围。其隔离开关（刀闸）操作手柄、网门应加锁。

（6）在手车开关拉出后，应观察隔离挡板是否可靠封闭。封闭式组合电器引出电缆备用孔或母线的终端备用孔应用专用器具封闭。

（7）运行中的高压设备其中性点接地系统的中性点应视作带电体。

2.2.5　倒闸操作

（1）倒闸操作必须根据值班调度员或运行值班负责人的指令，在受令人复诵无误后执行。发布指令应准确、清晰，使用规范的调度术语和设备双重名称，即设备名称和编号。发令人和受令人应先互报单位和姓名，发布指令的全过程（包括对方复诵指令）和听取指令的执行报告时，双方都要录音并做好记录。操作人员（包括监护人）应了解操作目的和操作顺序。对指令有疑问时应向发令人询问清楚无误后执行。

（2）倒闸操作可以通过就地操作、遥控操作、程序操作完成。遥控操作、程序操作的设备应满足有关技术条件。

（3）倒闸操作的分类：

1）监护操作：由两人进行同一项的操作；

2）单人操作：由一人完成的操作；

3）检修人员操作：由检修人员完成的操作。

2.2.6　操作票

（1）倒闸操作由操作人员填用操作票。

（2）操作票应用钢笔或圆珠笔逐项填写。用计算机开出的操作票应与手写格式一致；操作票票面应清楚整洁，不得任意涂改。操作人和监护人应根据模拟图或接线图核对所填写的操作项目，并分别签名，然后经运行值班负责人审核签名。每张操作票只能填写一个操作任务。

2.2.7　高压设备上工作

在高压设备上工作，应至少由两人进行，并完成保证安全的组织措施和技术措施。

2.2.8　保证安全的组织措施

（1）工作票制度；

（2）工作许可制度；

（3）工作监护制度；

（4）工作间断、转移和终结制度。

2.2.9　保证安全的技术措施

（1）停电；

（2）验电；

（3）接地；

（4）悬挂标示牌和装设遮栏（围栏）。

2.2.10　线路作业时变电站和发电厂的安全措施

（1）线路的停、送电均应按照值班调度员或线路工作许可人的指令执行。严禁约时停、送电。停电时，必须先将该线路可能来电的所有断路器（开关）、线路隔离开关（刀闸）、母线隔离开关（刀闸）全部拉开，手车开关必须拉至试验或检修位置，验明确无电压后，在线路上所有可能来电的各端装设接地线或合上接地开关。在线路断路器（开关）和隔离开关（刀闸）操作把手上均应悬挂“禁止合闸，线路有人工作！”的标示牌，在显示屏上断路器（开关）和隔离开关（刀闸）的操作处均应设置“禁止合闸，线路有人工作！”的标记。

（2）值班调度员或线路工作许可人应将线路停电检修的工作班组数目、工作负责人姓名、工作地点和工作任务记入记录簿。工作结束时，应得到工作负责人（包括用户）的工作结束报告，确认所有工作班组均已竣工，接地线已拆除，工作人员已全部撤离线路，并与记录簿核对无误后，方可下令拆除变电站或发电厂内的安全措施，向线路送电。

（3）当用户管辖的线路要求停电时，应得到用户停送电联系人的书面申请经批准后方可停电，并做好安全措施。恢复送电，应接到原申请人的工作结束报告，做好录音并记录后方可进行。用户停、送电联系人的名单应在调度和有关部门备案。

2.2.11　带电作业

（1）带电作业应在良好天气下进行。如遇雷电（听见雷声、看见闪电）、雪雹、雨雾不得进行带电作业，风力大于5级时，一般不宜进行带电作业。在特殊情况下，必须在恶劣天气进行带电抢修时，应组织有关人员充分讨论并编制必要的安全措施，经本单位主管生产领导（总工程师）批准后方可进行。

（2）带电作业工作票签发人或工作负责人认为有必要时，应组织有经验的人员到现场查勘，根据查勘结果做出能否进行带电作业的判断，并确定作业方法和所需工具以及应采取的措施。

（3）带电作业有下列情况之一者应停用重合闸，并不得强送电：

1）中性点有效接地的系统中有可能引起单相接地的作业。

2）中性点非有效接地的系统中有可能引起相间短路的作业。

3）工作票签发人或工作负责人认为需要停用重合闸的作业。严禁约时停用或恢复重合闸。

4）带电作业工作负责人在带电作业工作开始前，应与值班调度员联系。需要停用重合闸的作业和带电断、接引线应由值班调度员履行许可手续。带电工作结束后应及时向值班调度员汇报。

5）在带电作业过程中，如果设备突然停电，作业人员应视设备仍然带电。工作负责人应尽快与调度联系，值班调度员未与工作负责人取得联系前不得强送电。

2.2.12　一般安全措施

（1）任何人进入生产现场（办公室、控制室、值班室和检修班组室除外），应戴安全帽。

（2）工作场所的照明，应该保证足够的亮度。在操作盘、重要表计、主要楼梯、通道、调度室、机房、控制室等地点，还应设有事故照明。

（3）变、配电站及发电厂遇有电气设备着火时，应立即将有关设备的电源切断，然后进行救火。消防器材的配备、使用、维护，消防通道的配置等应遵守《电力设备典型消防规程》的规定。

（4）电气工具和用具应由专人保管，定期进行检查。

（5）凡在离地面2m及以上的地点进行的工作，都应视作高处作业。高处作业应使用安全带（绳），上下传递物件应用绳索拴牢传递，严禁上下抛掷。

（6）在未做好安全措施的情况下，不准登在不坚固的结构上（如彩钢板屋顶）进行工作。

（7）在带电设备周围严禁使用钢卷尺、皮卷尺和线尺（夹有金属丝者）进行测量工作。

2.3 《电力安全事故应急处置和调查处理条例》

《电力安全事故应急处置和调查处理条例》（暨国务院 599 号令）于 2011 年 6 月 15 日国务院第 159 次常务会议通过，自 2011 年 9 月 1 日起颁布施行，由时任国务院总理温家宝签署。

这个条例对生产经营活动中发生的造成人身伤亡和直接经济损失的事故的报告和调查处理做了规定。电力生产和电网运行过程中发生的影响电力系统安全稳定运行或者影响电力正常供应，甚至造成电网大面积停电的电力安全事故，在事故等级划分、事故应急处置、事故调查处理等方面，都与《安全生产事故报告和调查处理条例》规定的生产安全事故有较大的不同。比如，生产安全事故是以事故造成人身伤亡和直接经济损失为依据划分事故等级的，而电力安全事故是以事故影响电力系统安全稳定运行或者影响电力正常供应的程度为依据划分事故等级，需要考虑事故造成电网减供负荷数量、供电用户停电户数、电厂对外停电以及发电机组非正常停运的时间的指标。因此，电力安全事故难以完全适用《安全生产事故报告和调查处理条例》的规定，有必要制定专门的行政法规，对电力安全事故的应急处置和调查处理作出有针对性的规定。

2.4 《电业生产事故调查规程》

《电业生产事故调查规程》是由当时的中华人民共和国电力工业部颁发的。近年来，电力体制发生了深刻的变化，相关的职能部门也发生了非常大的变化。为适应当前电网安全生产管理工作的需要，相关部门就电力生产事故调查规程做过多次修订。贯彻落实电监会《电力生产事故调查暂行规定》，如今适用的版本是根据 2011 年 8 月国家电网公司组织相关人员修改的，修订后的《国家电网公司安全事故调查规程》自 2012 年 1 月 1 日起执行。下文简要摘录了 2012 版《国家电网公司安全事故调查规程》中调控员应该掌握的一些基本知识点，并做了一些简要的解释。

2.4.1　事故定义和级别

本规程安全事故（事件）共分为八级，依次为特别重大事故（一级事件）、重大事故（二级事件）、较大事故（三级事件）、一般事故（四级事件）、五级事件、六级事件、七级事件、八级事件。

2.4.2　事故调查原则

安全事故调查应坚持实事求是、尊重科学的原则，及时、准确地查清事故经过、原因和损失，查明事故性质，认定事故责任，总结事故教训，提出整改措施，并对事故责任者提出处理意见。做到事故原因不清楚不放过，事故责任者和应受教育者没有受到教育不放过，没有采取防范措施不放过，事故责任者没有受到处罚不放过（简称“四不放过”）。

任何单位和个人对违反本规程、隐瞒事故或阻碍事故调查的行为有权向国家电网公司系统各级单位反映。

2.5 《电网调度管理条例》

《电网调度管理条例》（以下简称《条例》）对调度工作而言举足轻重，体现在它正式、完整地规定了调度机构的责任、权利和义务，以及调度系统的层级结构和主要工作原则。

2011 年 1 月 8 日，《国务院关于废止和修改部分行政法规的决定》（中华人民共和国国务院令 第 588 号）对改《条例》予以修正。二十多年过去了，改革开放让中国经济社会发生了巨大的变化，但它依然是全国各级电网调度机构行使电网安全管理和运行控制的最高唯一准则。几十年来，我国的社会主义市场经济快速发展，在这样背景下，《条例》中多处出现的“计划”等字眼会让人感觉有些过时，但是《条例》中的调度规则、调度指令和罚则等章节内容依然掷地有声，特别是在经济利益为主导的市场经济趋势下，对电网调度安全稳定运行及管理而言则越加显得重要和不可替代。无论是作为初学者，还是资深调度运行人员，都必须深刻理解《条例》的精髓。

2.5.1 《条例》总则

电力系统是电力生产、流通和使用的系统，电力系统是由包括发电、供电（输电、变电、配电）、用电设施等各个环节（一次设备）以及为保证上述设施安全、经济运行所需的继电保护、安全自动装置、电力计量装置、电力通信设施和电力调度自动化等设施（二次设备） 所组成的整体。通常把发电和用电之间属于输送和分配的中间环节称为电力网，简称电网。由于电力生产与消费具有同时性、瞬时性等特点，因此，电力系统必须实行统一调度、分级管理的原则。电力系统的有关各方应协作配合， 以保证电力系统的安全、优质、经济运行。

2.5.2 电网调度

《条例》阐述，电网调度是指电网调度机构（以下简称调度机构），为保障电网的安全、优质、经济运行，对电网运行进行组织、指挥、指导和协调。电网调度应符合社会主义市场经济的要求和电网运行的客观规律。调度就是组织、指挥、指导和协调。调度的行为应该符合规律和规范。总之调度的目的是“保障电网的安全、优质、经济运行”。

2.5.3 调度系统

《条例》在调度系统这一章中：明确了调度系统的组成。调度系统应该包括各级调度机构和电网内的发电厂、变电站的运行值班单位；明确了调度机构分为五级；明确了五级调度机构之间管辖范围和职权的划分原则，“统一调度、分级管理”这一电网运行原则的核心；明确了以“服从”为宗旨的“调律”；明确了调度系统值班人员的持证上岗制度。

2.5.4 调度规则

《条例》在调度规则这一章节中：明确了事故及超计划用电的限电序位表的编制流程；明确了发电、供电设备的检修，应服从调度机构的统一安排；明确了值班调度人员可以发布调度指令的五种紧急情况；明确了正常情况下调度设备操作管理的严肃性，特殊情况下保人身、保电网、保设备的重要性。

2.5.5 调度指令

《条例》在调度指令这一章节中：明确了调度指令的严肃性；明确了调度系统的值班人员“依法调度”的权威性；明确了调度指令执行中出现分歧时的处置原则；除了“调度”两个字，整个《条例》中出现频率处于前列的还有“计划”和“国务院电力行政主管部门”。就是这两个关键词，随着社会主义市场经济体制改革、政治体制改革逐步深入，《条例》不断面临需要修改的呼声。

2.6 《电网运行规则》

2006 年，时任国家电力监管委员会主席的柴松岳签署第 22 号国家电力监管委员会令：《电网运行规则（试行）》（以下简称“规则”）已经于 2006 年 10 月 26 日国家电力监管委员会主席办公会议通过，现予公布，自 2007 年 1 月 1 日起施行。在规则中，作为电力监管部门制定的规定、规则，重点提出了以下内容和要求：

2.6.1 “三公”调度

《规则》第三条，在重申“电网运行实行统一调度、分级管理”后，作为由电监会组织制定的电网运行规则，着重提出“电力调度应当公开、公平、公正”。这是在电力体制改革逐步打破垄断建立电力市场体制情况下的必然要求。

2.6.2 并网基本条件和并网安全性评价

《规则》第十七条，“新建、改建、扩建的发电工程、输电工程和变电工程投入运行前，调度机构应当根据国家有关规定、技术标准和规程，组织认定拟并网方的并网基本条件。”随后又明确提出了新建、改建、扩建的发电机组并网应当具备的九项基本条件，内容包括电压调节器、电力系统稳定器、一次调频、自动发电控制、通信和自动化等方面；在第二十六条中，明确提出了主网直供用户并网应当具备的三项基本条件，内容包括上报数据和上送信息要求、计量点设置和涉网管理要求；在第二十条中，同时提出“新建、改建、扩建的发电机组并网前应当进行并网安全性评价。并网安全性评价工作由电力监管机构组织实施”。当前，发电厂的并网安全性评价工作已经逐步成为电力监管部门的重点工作内容。

2.6.3 对电网的监管

《规则》第三十条，有“调度机构应当向电力监管机构报送年度运行方式”；第三十一条，规定“调度机构依照国家有关规定组织制定电力调度管理规程，并报电力监管机构备案”。电力监管委员会先后下发了很多关于信息报送等方面的要求，包括要求定期组织厂网联席会议、“三公”调度信息发布会等。应该说，电力监管的范围和力度都在不断加大。

2.6.4 电网反事故措施

《规则》第四十六条规定：“电网企业及其调度机构应当根据国家有关规定和有关国家标准、行业标准。制订和完善电网反事故措施、系统黑启动方案、系统应急机制和反事故预案。”“电网使用者应当按照电网稳定运行要求编制反事故预案，并网发电厂应当制订全厂停电事故处理预案，并报调度机构备案。电网企业、电网使用者应当按照设备产权和运行维护责任划分，落实反事故措施。”“调度机构应当定期组织联合反事故演习，电网企业和电网使用者应当按照要求参加联合反事故演习。”这些条款，如今都已经在深入贯彻落实在日常调度工作中，成为电网安全性评价和调度系统安全性评价的重要内容。

2.6.5 电网使用者和主网直供用户

在《规则》第四十九条中，说明“本规则所称电网使用者是指通过电网完成电力生产和消费的单位，包括发电企业（含自备发电厂）、主网直供用户等等”。同时指出“本规则所称主网直供用户是指与省（直辖市、自治区）级以上电网企业签订购售电合同的用户或者通过电网直接向发电企业购电的用户”。

2.7 《电网运行准则》

2007年7月，国家发改委正式发布DL/T 1040—2007《电网运行准则》（以下简称《准则》），作为国家电力行业标准于2007年12月1日起正式实施。

《准则》是根据《国家发展与改革委员会办公厅关于下达2003年行业标准项目补充计划的通知》（发改委办工业〔2003〕873号）下达的标准制定任务，由电力行业电网运行与控制标准化技术委员会承担、国家电力调度通信中心负责牵头起草的。是对《电网调度管理条例》的必要补充。应该说，作为国家电力行业标准，《准则》的内容非常全面，原则性要求非常明确。特别是“电网运行”章节，内容从负荷预测、设备检修、发用电平衡、辅助服务，到频率及电压控制、负荷控制、电网操作、继电保护运行等，可以说涵盖整个电网的运行，是电网运行工作的具体行动指南。在《准则》中，明确提出了很多具体的技术要求，这给日常的调控运行管理提供了很好的政策支持。总之，作为调控运行人员，应该认真学习、熟练掌握《准则》。

2.8 《浙江省电力系统地区调度控制管理规程》

电网调度机构是电网运行的组织、指挥、指导、协调和控制机构，简称调度机构。浙江电网调度机构分三级，依次为浙江电力调度控制中心（即省调），省辖市级电力调度控制中心（即地调，包括城区配调），县级电力调度控制中心（即县调）。地调的上级调度机构为省调，下级调度机构为县调。各级调度机构在电网调控业务活动中是上下级关系，下级调度机构必须服从上级调度机构的调度。

浙江电网调度生产相关单位除调度机构外，还包括：并网电厂（含火电厂、水电厂、核电厂、风电场、光伏电站、梯级电站集控中心等，简称厂）、变电站（含开关站、换流站、串补站、用户站等，简称站）和设备运维单位（简称运维单位）。调度机构管辖范围内的厂、站和运维单位必须服从调度机构的调度管理。

地调依据《浙江省电力系统地区调度控制管理规程》进行浙江省地区电力系统调度控制管理。规程是浙江省地区电力系统运行、操作、事故处理和调控管理的基本规程。浙江省地区电力系统相关人员须全面熟悉本规程。各级安监人员应熟悉本规程有关部分并监督对本规程的执行。

2.8.1 《浙江省电力系统地区调度控制管理规程》制定说明

根据公司“大运行”体系建设的总体要求，结合浙江省设区市电力系统运行管理实际，依据《电网调度管理条例》和《浙江省电力系统调度控制管理规程》，2014年4月特制定了《浙江省电力系统地区调度控制管理规程》。规程明确了浙江省地、县两级调度机构（简称地、县调）的职责，首次统一了全省地调调度管辖及监控范围，统一规范了地区电网调度控制、方式计划、继电保护及安全自动装置、调度自动化和设备监控、水库及新能源调度、城区配网抢修指挥等相关管理工作，明确了地区电网倒闸操作、电网事故处理、安全应急机制等一般性原则，并对地区电网年度运行方式编制管理和调度、运方、继电保护、自动化和通信保障也提出了新的要求。

2.8.2 《浙江省电力系统地区调度控制管理规程》制定焦点

本次《浙江省电力系统地区调度控制管理规程》的制定，是在国家电网公司全面完善“三集五大”体系，确立“大运行”体系建设的总体思路和目标，各地区调度进行了机构整合等各种具体背景下进行的，修订过程中不可避免地存在一些焦点问题。

1. 调度管辖范围

将变电设备运行集中监控业务（包括输变电设备状态在线监测与分析），纳入调度控制中心统一管理，在确保安全的基础上，逐步扩大调控远方操作范围。推进国调与分调、地（市）调与县调调控业务一体化运作，逐步形成国（分）、省、地（县）三级调控管理体系。规范配网调控范围，将配网分支线纳入调控范畴，实现对 10kV（20、6kV）配电网调控范围全覆盖。整合配网抢修指挥资源，地（市）、县调负责电网故障研判和抢修指挥。

2. 调度运作模式

为适应国家电网发展实际，体现电力生产的基本特点和技术水平，以提升电网运行绩效为目标，坚持集约化、扁平化、专业化方向，整合调控运行与设备运行相关业务，调整调度体系功能结构，变革组织架构、创新管理方式、优化业务流程，构筑电网新型运行体系。统筹电网调度和设备运行资源，推进输变电设备运行与电网调控运行的业务融合，开展变电设备运行集中监控、输变电设备状态在线监测与分析业务，实现调控一体化；压缩调度管理层级，推进国调、分调运行业务一体化运作，地调、县调运行业务一体化运作，省调标准化建设、同质化管理，形成集中统一、权责明晰、工作协同、规范高效的“大运行”体系，提高驾驭大电网的调控能力和大范围优化配置资源的能力。深化调度功能结构调整。将县调改为地调的分中心，由地调统一开展专业管理，统筹地（县）调业务，实现一体化运作，构建国（分）、省、地（县）三级调控管理体系。

第3章　输变电设备基本知识

3.1　输电设备介绍

输电线路按结构分为架空线路和电缆线路。架空线路是通过铁塔、水泥杆塔架设在空气中的导线，一般为裸导线。架空线路造价较低，是目前主要的线路型式，缺点是占用通道面积大。电缆是利用绝缘层将导线（一般为铜线或铝线）包裹起来，一般 110kV 及以上为单相，以下为三相。由于铺设电缆占地面积小，但造价较高，故一般在城市中使用。

3.1.1　导线、避雷线和接地装置

导线一般都用铝、铜、铝合金等材料制造。输电线路的导线一般都使用铜绞线或钢芯铝绞线，钢芯铝绞线制造时按铝、铜截面比不同，分为轻型、正常型、加强型三个种类。

避雷线通常使用镀锌钢绞线，逐基杆塔接地。接地是为了保护线路绝缘；无避雷线小接地电流系统位于居民区的杆塔，接地是为了保护人身安全。

接地体是埋入地下直接与大地接触的导体，将接地体与避雷线或杆塔接地螺栓相连接的导线称为接地线，接地体与接地线统称为基地装置。接地体多用圆钢、扁钢或角钢构成。

3.1.2　绝缘子、金具

绝缘子的作用是使导线与杆塔绝缘。绝缘子暴露在大气中，除承受电压外，还承受机械荷载，如导线张力，导线自重，导线上的风、冰、雪荷载及温度等的作用。输电线路上使用的绝缘子，有针式、悬式和次横担三种。

将杆塔、绝缘子、导线及其他电气设备按照设计要求，连接组成完整的送电体系所使用的零件，统称为金具。按照金具的不同用途和性能，可分为支持金具、紧固金具、连接金具、接续金具、保护金具和拉线金具六大类，如图 3-1 所示。

3.1.3　杆塔、基础

杆塔是输电线路极重要的部件，投资约占全部造价的 30%～50%，其作用是支持导线和避雷线，在各种气象条件下，使导线对地和对其他建筑物有一定的安全距离，保证线路安全运行。杆塔的种类很多，按所使用的结构材料分，有木杆、混凝土杆和铁塔。按杆塔的用途可分为直线杆塔、直线转角杆塔、耐张杆塔、转角杆塔、终端杆塔、跨越杆塔、换位杆塔和分支杆塔等。

（1）直线杆塔（z）：用于线路的直线中间部分，以悬垂的方式支持导、地线，主要承受导、地线自重或覆冰等垂直荷载和风压及线路方向的不平衡拉力。

（2）直线转角杆塔：除起直线塔的作用外，还用于小于 5°的线路转角。

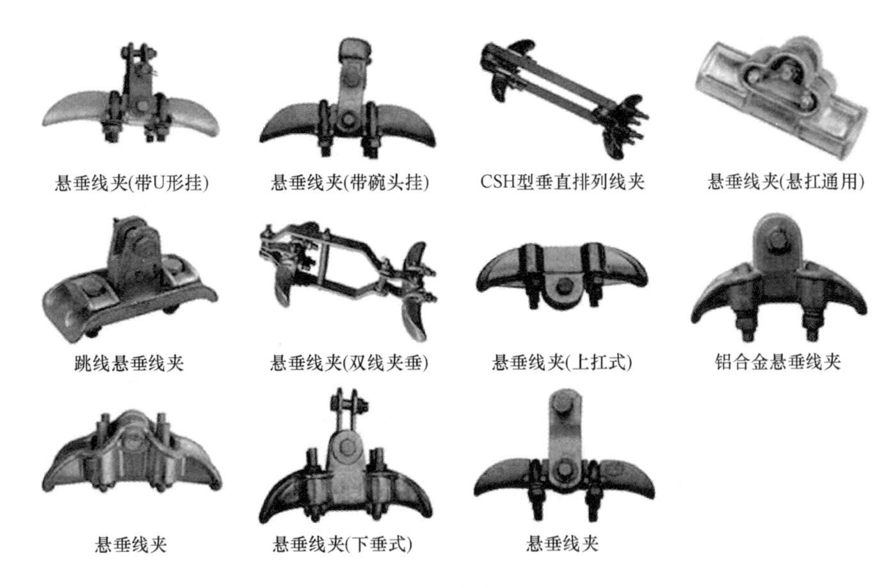

图 3-1　输电中使用的金具

（3）耐张杆塔（N）：支承导线和地线，能将线路分段，限制事故范围，便于施工检修；其机械强度较大，除承受直线杆塔承受的荷载外，还承受导、地线的直接拉力，事故情况下承受断线拉力。

（4）转角杆塔（J）：用于线路转角处，一般是耐张型的。除承受耐张塔承受的荷载外，还承受线路转角造成的合力。

（5）终端杆塔（D）：用于整个线路的起止点，是耐张杆塔的一种型式，但受力情况较严重，需承受单侧架线时全部导、地线的拉力。

（6）分支杆塔（F）：用于线路的分支处。受力类型为直线杆塔、耐张杆塔和终端杆塔的总和。

（7）跨越塔（K）：用于高度较大或档距较长的跨越河流、铁路及电力线路杆塔。

（8）换位杆塔（H）：用于较长线路变换导线相位排列的杆塔。

典型输电杆塔如图 3-2 所示。

图 3-2　典型输电杆塔

杆塔埋入地下部分统称为基础。基础的作用是保证杆塔稳定，不因杆塔的垂直荷重、水平荷重、事故断线张力和外力作用而上拔、下沉或倾倒。杆塔基础分电杆基础和铁塔基础两类。

3.1.4　电缆线路

电力电缆一般埋设于土壤中或敷设于室内，沟道，隧道中，具有占地少，受气候条件和周围环境影响小，传输性能稳定、可靠性高，维护工作量少等优点。主要由导电线芯（导体）、电缆护层、绝缘介质、屏蔽层和电缆接头盒五部分组成。

（1）导电线芯：导电线芯是电力电缆的导电部分，用来输送电能，是电力电缆的主要部分。应采用具有高电导率的金属材料，目前主要是用铜或铝。

（2）电缆护层：电缆护层的作用是保护电力电缆免受外界杂质和水分、潮气的侵入，以及防止外力直接损坏电力电缆。塑料或橡皮绝缘电缆常常就在外面再包以塑料或橡皮层来作护套，而油浸纸绝缘电缆常用铅包或铝包的护套。

（3）绝缘介质：绝缘层是将线芯与大地以及不同相的线芯间在电气上彼此隔离，保证电能输送，是电力电缆结构中不可缺少的组成部分，国内广泛采用的是黏性浸渍的油纸绝缘、橡皮绝缘、塑料（聚氯乙烯、聚乙烯等）绝缘。更高电压时，大多改用充油电缆、钢管油压电缆、充气电缆等。

（4）屏蔽层：10kV 及以上的电力电缆一般都有导体屏蔽层和绝缘屏蔽层。电力电缆的屏蔽层的作用有：因为电力电缆通过的电流比较大，电流周围会产生磁场，为了不影响别的元件，所以加屏蔽层可以把这种电磁场屏蔽在电缆内；可以起到一定的接地保护作用，如果电缆芯线内发生破损，泄漏出来的电流可以顺屏蔽层流如接地网，起到安全保护的作用。

（5）电缆接头盒：电缆两端都应有终端接头盒，通过它与变压器或架空线相连接。户外终端接头盒都应有密封的瓷套（或环氧树脂套等）以防止潮气进人。当电缆线路较长时，必须在现场用连接接头盒将多根电缆连接起来。将载流芯连接后，还需包缠增绕绝缘层，并在两端加上应力锥，使沿此锥面各点的轴向场强均匀化。

输电电缆结构如图 3-3 所示。

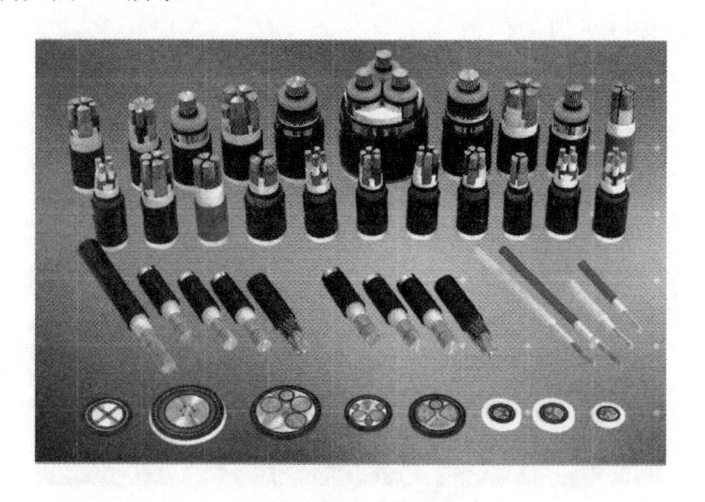

图 3-3　输电电缆结构

3.2　变电站总体介绍

3.2.1　变电站定义

变电站是电力系统中接受和分配电能，并能变换电压的场所。为了把发电厂发出来的电能输送到较远的地方，必须把电压升高，变为高压电，这时就需要升压变电站；到用户附近再按需要把电压降低，则需要降压变电站。本章节重点介绍地调范围管辖的 220kV 及 110kV 变电站情况。

3.2.2　变电站分类

变电站是电力系统的中间环节。根据其在电网中的地位和作用可分为升压变电站、枢纽变电站、地区变电站、企业变电站、终端变电站等。

（1）升压变电站：升压变电站多建立在发电厂内，把电能电压升高后，再进行长距离输送到需要的地点，向用户供电。

（2）枢纽变电站：在电力系统中处于重要的枢纽地位，是汇集多个大电源和多回大容量的联络线，连接着电力系统的多个大电厂和大区域系统。这类变电站一旦发生全站停电事故将造成大面积停电，或系统瓦解，破坏电力系统运行的稳定性和可靠性。

（3）地区变电站：是向一个地区或城市供电的主要变电站。其电压等级一般为 220kV，全站停电将造成该地区或城市供电的紊乱。

（4）企业变电站：是供给大、中型企业使用的专用变电站，降压供给特定的企业或用户。接线较简单，容量不大，由企业自行管理。

（5）终端变电站：是设在输变线路末端的变电站，接近负荷点，高压侧电压多为 110kV，也有 220kV 的，经降压后直接向附近用户或企业供电。终端变电站全站停电后，只影响附近用户或企业的用电。

按变电站的结构型式划分，有室外变电站、室内变电站、地下式变电站、移动式变电站等。

按变电站的电压高低划分，超高压变电站、高压变电站、中压变电站和低压变电站。

按变电站的技术发展方向分，有常规变电站、数字化变电站、智能变电站等。

3.3　变电站主接线

电气主接线是由变压器、断路器、隔离开关、互感器、母线和电缆等一次设备组成，它是按照一定的要求和顺序连接成用以表示传送、汇集和分配电能的电路，也称一次设备主接线。

电气主接线反映一次设备的数量与作用、设备之间的连接方式，以及设备与电力系统的连接状况，它还决定了配电装置的布置，以及二次接线、继电保护以及自动装置的配置等问题。

对电气主接线有以下要求：满足供电可靠性和电能质量需求，具有一定的灵活性、方便性和经济性，具有发展和扩建的可能性。

下面就 220、110kV 变电站常见主接线分别作介绍。

3.3.1　典型 220kV 变电站的主接线

3.3.1.1　双母线接线

双母线接线指每一回路出线和电源支路是通过一台断路器和两组隔离开关连接到两组母线上，且两组接线都是运行母线。两组母线通过母联断路器进行并列。

当双母线接线中将Ⅱ母线作为备用，Ⅰ母线作为工作母线并用分段断路器 QFd 分成两段时，则称为双母线单分段接线；当双母线接线中将两组工作母线均用分段断路器分成两段时，则称为双母线双分段接线，如图 3-4 所示。

双母线接线具有供电可靠性高、运行方式灵活、便于扩建等优点。两组母线可以轮换检修而不使供电中断。但在改变母线运行方式时操作量大且操作步骤较为复杂，容易发生误操作等缺点。

3.1.1.2　双母线带旁路接线

双母线带旁路接线是指在原有双母线接线的基础上增设旁路母线，当线路或变压器断路器停电检修时，利用旁路断路器代替出线或变压器断路器继续工作。但旁路倒闸操作较复杂，占地面积较大，经济性较差。为节省断路器及设备间隔，一般规定 220kV 线路有 5 回及以上时，110kV 线路有 7 回及以上时，才采用专用旁路断路器。当出线回路较少时可采用母联断路器兼作旁路断路器或旁路断路器兼母联断路器的接线方式。一般新建变电站不设计旁路，如图 3-5 所示。

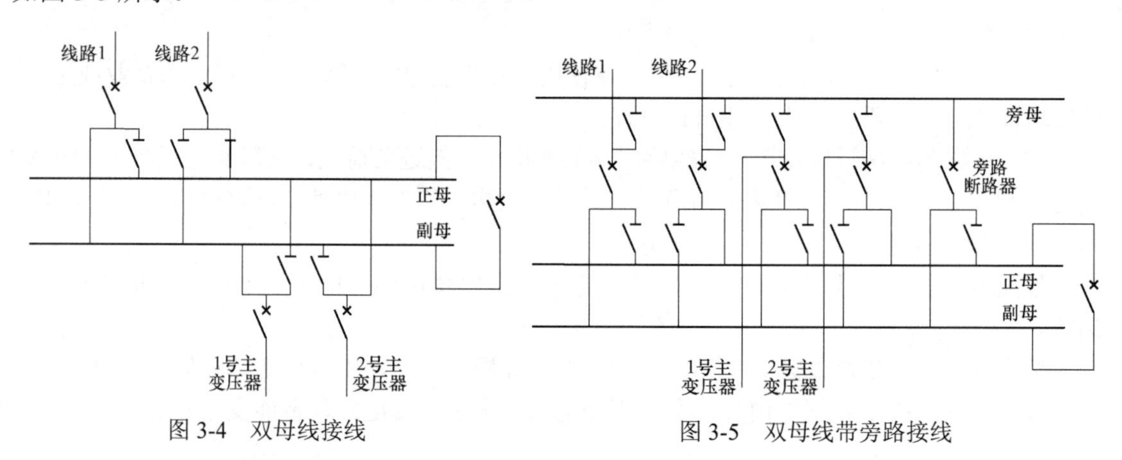

图 3-4　双母线接线　　　图 3-5　双母线带旁路接线

3.3.2　典型 110kV 变电站的主接线

3.3.2.1　桥形接线

桥形接线采用 4 个回路 3 台断路器，是接线中断路器数量较少，也是投资较节省的一种接线。

当仅有 2 台变压器和 2 条引出线时，可采用桥形接线。桥形接线可分为内桥接线和外桥接线。由于变压器可靠性远大于线路，所以 110kV 系统中多采用内桥接线。

（1）图 3-6 为内桥接线，桥断路器 3QF 接在靠近变压器侧，另 2 台断路器 1QF、2QF 接在出线侧。内桥接线的特点：

1）线路发生故障或停役时，仅故障线路的断路器跳闸，不需停役主变压器，保护配置简单（线路无保护，有故障靠电源侧跳闸）；

2）主变压器差动保护扩大到线路断路器、母分保护及母线；

3）正常运行时变压器操作较复杂，若变压器投切，则线路断路器必须短时退出运行。

内桥接线适用于输电线路较长和变压器不需经常切换的情况。

（2）外桥接线如图 3-7 所示，桥断路器 3QF 接在线路侧，断路器 1QF、2QF 接在变压器侧。外桥接线的特点：

1）若线路故障或停役时，变压器必须短时退出运行。

2）变压器发生故障时，仅引起故障变压器所在支路的断路器跳闸，其余三条支路仍旧照常工作。

3）线路投入与切除时，操作较复杂。

外桥接线适用于线路较短、故障率低、变压器需经常切换且线路穿越功率较大的情况。

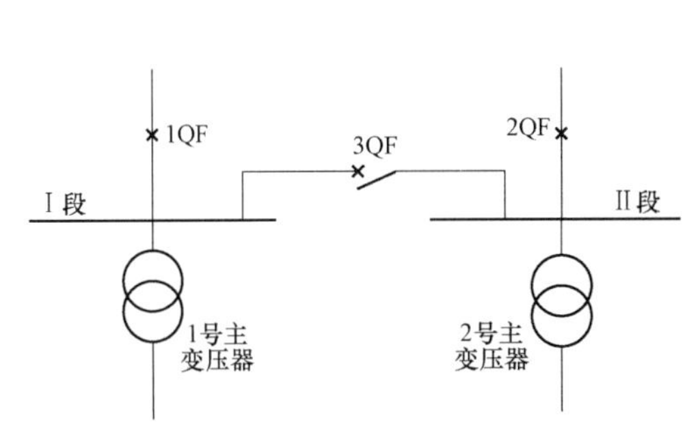

图 3-6　内桥接线

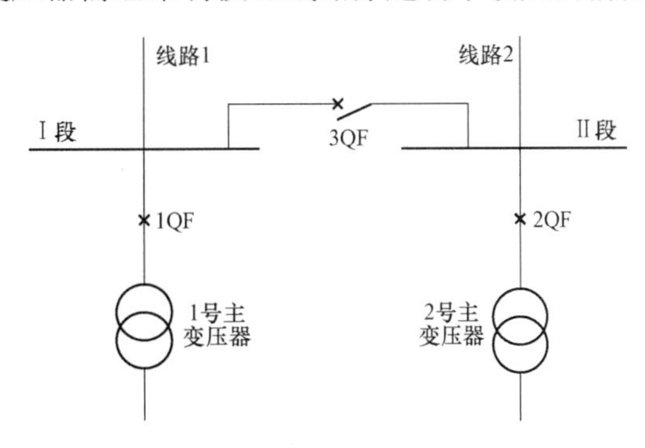

图 3-7　外桥接线

3.3.2.2　单母线分段接线

单母分段接线指用断路器将一段母线分成两段。其特点是不单独装置母线保护，母线上有故障，主变压器 10kV 后备保护动作跳开主变压器 10kV 断路器。优点是接线简单、投资省、操作方便；缺点是母线故障或检修时，必须断开接在该分段母线上的全部电源和出线。

3.3.2.3　线路变压器组接线

线路与变压器直接相连的接线方式称为线路变压器组接线，如图 3-8 所示。其特点为：

（1）线路停役必须停役主变压器；

（2）110kV 侧无备用电源；

（3）10kV 侧备用电源检 110kV 侧电压。

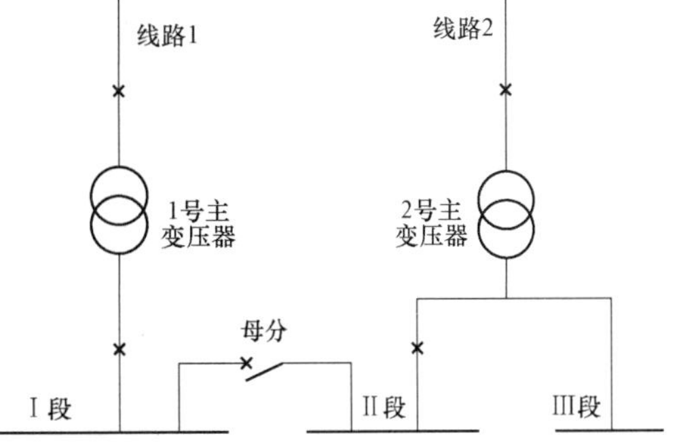

图 3-8　典型线路变压器组接线

3.4　变电站一次设备

变电站一次设备指直接用于生产、变换、输送、分配和使用电能的电气设备，主要包括变压器、断路器、隔离开关、电流互感器、电压互感器、避雷器、母线、输电线路、电力电缆、无功补偿装置等。

3.4.1　变压器

变压器是变电站中最重要的电气设备之一。它是根据电磁感应原理在其匝链于一个铁芯上的两个或几个绕组回路之间，可以进行电磁能量的交换与传递。它在电力系统中主要作用能将交流电压由低压变高压或由高压变低压，以利于功率的传输。

变压器的绕组和铁芯是变压器的主要部件，称为变压器器身。为了解决散热、绝缘、密封和安全等问题，还需要油箱、绝缘套管、调压、储油柜、冷却装置、压力释放阀、温度计和气体继电器等附件，变压器结构示意图和实物图如图3-9所示。

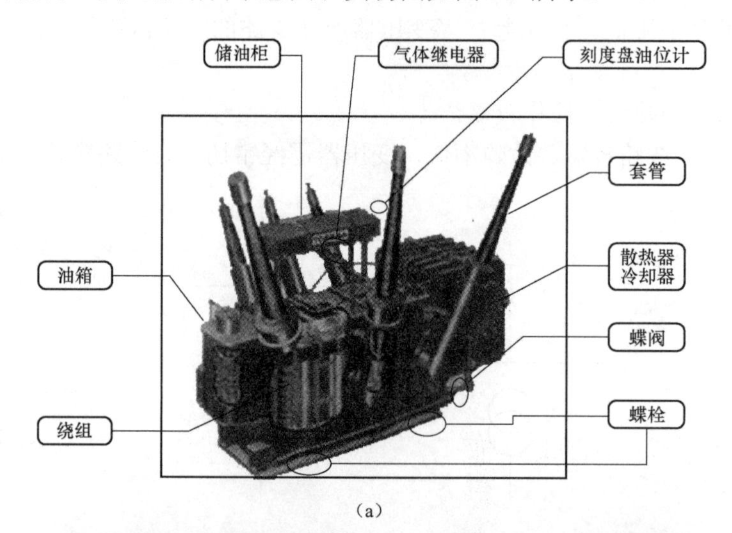

(a)

(b)

图3-9　变压器结构示意图和实物图

(a) 变压器结构示意图；(b) 变压器实物图

1. 铁芯

铁芯是变压器磁路主体，铁芯本体是由导磁率很高的冷轧硅钢片叠片而成的一个闭合磁路，是一、二次绕组匝链磁通的通道，安装绕组的骨架和变压器机械强度的重要部件，对变压器的电磁性能及噪声都有重大的影响。图3-10所示为变压器铁芯。

图 3-10 变压器铁芯

2. 绕组

绕组是变压器的电路部分，是由绝缘铜线或铝线绕制而成。绕组套装在变压器铁芯柱上，低压绕组在内层，高压绕组套装在低压绕组外层，以便于绝缘，如图 3-11 所示。

图 3-11 变压器绕组

3. 油箱、冷却器及安全装置

油箱是变压器的外壳，铁芯和绕组装在内并充满变压器油，使铁芯和绕组浸在油内，变压器油起绝缘和散热作用。变压器运行时产生的热量使油箱内部的油受热上升，热量通过油箱壁和箱体外侧的散热管（片）向周围空气中散发。由于散热管散热差等缺点，目前多用扁管、片式散热管和波纹油箱结构。

根据不同的变压器冷却方式，目前可分为油浸自冷却方式（ONAN）、油浸风冷却方式（ONAF）、强油风冷却方式（OFAF）、强油水冷却方式（OFWF）、强迫导向油循环风冷却方式（ODAF）、强迫导向油循环水冷却方式（ODWF）等。冷却方式每个字母代表的冷却介质有油（O）、水（W）、空气（A），循环方式有自然循环（N）、强迫非导向油循环（F）、强迫导向油循环（D）。

4. 压力释放阀

压力释放阀是变压器的一种安全装置，当变压器内部有严重故障时，油分解产生大量气体。由于变压器基本是密闭的，仅靠连通储油柜的连管不能有效迅速的降低压力，造成油箱内压力急剧升高，会导致变压器油箱破裂。压力释放阀就是及时释放变压器内部压力的保护装置，在释压的同时排出部分变压器油。当油箱内压力下降到阀的关闭压力值时，阀门可靠关闭，使油箱内始终保持正压，有效防止外部空气、水气及其他杂质进入油箱。

5. 储油柜

储油柜也称油枕，位于油箱上方并与油箱连通。当变压器油由于温度升高而膨胀时，储油柜中的油面就会随之而升高；当变压器油由于温度降低而冷缩时，储油柜中的油就会随之而下降，因而起到一个储油及补油的作用。储油柜还能减少变压器油与空气的接触面，防止变压器油的氧化和受潮。

3.4.2　断路器

高压断路器是发电厂、变电站及电力系统中最重要的控制和保护设备之一，是指能带电切合正常状态的空载设备，能开断、关合和承载正常的负荷电流，并且能在规定的时间内承载、开断和关合规定的异常电流（如短路电流）的高压电器。

按断路器的绝缘方式不同可分为三种类型：空气绝缘的敞开式开关设备（AIS）；气体绝缘金属封闭开关设备（GIS）；混合技术开关设备（MTS），如图 3-12 所示。

（a）

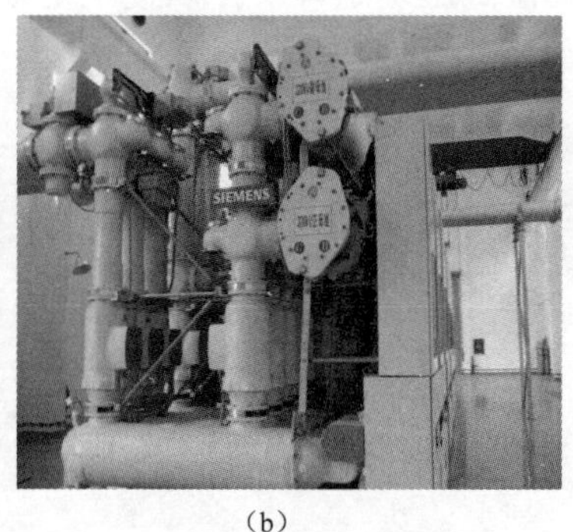

（b）

（c）

图 3-12　断路器

（a）AIS 式断路器；（b）GIS 式断路器；（c）MIS 式断路器

按断路器的灭弧介质分为油断路器、空气断路器、真空断路器、六氟化硫断路器、固体产气断路器及磁吹断路器。

断路器的主要结构大体分为导流部分、灭弧部分、绝缘支撑部分、操作机构部分及辅助部件。导流部分包括动、静触头和主触头或中间触头以及各种型式的过渡连接等，其作用是通过工作电流和短路电流。灭弧部分主要包括动、静触头、喷嘴以及压气缸等部件，其作用是提高熄灭电弧的能力，缩短燃弧时间。绝缘支撑部分主要包括 SF_6 气体、瓷套、绝缘拉杆等，其作用是保证导电部分对地之间、不同相之间、同相断口之间具有良好的绝缘状态。操作机构部分主要指各种型式的操动机构和传动机构，作用是实现对断路器规定的操作程序。辅助部件完成断路器各种辅助功能的部件，如辅助开关、各种继电器、加热器、表计等。图 3-13 是断路器的外形图。目前220kV 及以上断路器的灭弧介质基本采用 SF_6。

图 3-13　断路器的外形图

3.4.3 隔离开关

高压隔离开关，俗称刀闸，是一种没有专门灭弧装置而是以空气为绝缘的高压电器。断路器分开时，触头间有符合安全要求的绝缘距离和明显的断开标志；断路器合上时，能承载正常回路条件下的电流及在规定时间内异常条件（例如短路）下的电流。

3.4.3.1 隔离开关的主要作用

（1）隔离电源：电气设备检修时，在用断路器开断电流以后，用隔离开关将需要检修的电气设备与其他带电部分隔离，形成明显可见的断开点，以保证检修人员和设备的安全。

（2）倒换线路或母线：利用等电位间没有电流通过的原理，用隔离开关将电气设备或线路从一组母线切换到另一组母线上。

（3）接通或切断小电流电路：互感器、避雷器电路；母线和直接与母线相连接的电容电路；电容电流不超过 5A 的空载电力线路；励磁电流不超过 2A 的空载变压器等。

3.4.3.2 隔离开关的分类

隔离开关可按照其操作能源、使用环境、相数等进行分类，对隔离开关一般按照两种类型进行分类。一种是按照隔离开关的运动方式分，可分为垂直伸缩式与水平旋转式，如图 3-14 所示。另一种是按支柱绝缘子数目分类，可分为单柱式、双柱式、三柱式。

1. 水平旋转式与垂直伸缩式

2. 单柱式、双柱式、三柱式

（1）GW16 型隔离开关是单柱垂直折臂式隔离开关。此类型隔离开关合分闸操作时，动触头由旋转绝缘子带动，做曲臂伸缩式运动。GW16 型隔离开关的静触头安装于变电站的母线上，动触头为垂直伸缩式运动，分闸状态形成垂直方向的隔离断口，如图 3-14（b）所示。

（2）GW4 型隔离开关为双柱式水平中心开断式隔离开关。GW4 型每相两个支柱绝缘子分别装在底座两端轴承座上，以交叉连杆连接，操作时每一柱支柱绝缘子水平旋转实现分合闸，最高额定电压为 252kV，如图 3-14（a）所示。

（a）

（b）

图 3-14 隔离开关的分类

（a）水平旋转式；（b）垂直伸缩式

（3）GW7 型隔离开关为三柱式水平双断口隔离开关。导电系统由 3 个独立的单相柱组成，每相底座上安装有 3 个支柱绝缘子，两侧固定的支柱绝缘子上装有静触头，中间转动绝缘子上装有主导电杆及动触头。转动绝缘子经底座内的拐臂、连杆，与机构的主轴相连接。合分闸操作时，机构主轴旋转 180°，而转动绝缘子及其导电杆被带动在水平面转动约 70°，如图 3-15 所示。

图 3-15　GW7 型隔离开关

3.4.4　电流互感器（TA）

电流互感器俗称流变，是将大电流按规定的比例转换成小电流，提供给各种仪表及保护装置使用，并使二次系统与高电压隔离。电流互感器二次侧电流为 1A 或 5A。它不仅保证了人身和设备的安全，也使仪表和继电器的制造简单化、标准化，降低了成本，提高了经济效益。

特别强调的是运行中的电流互感器二次侧绝对不允许开路。电流互感器在运行过程中，如果二次侧开路，则二次侧的去磁磁势为零，而一次侧磁势仍为不变，它将全部用来励磁，励磁磁势较正常的增大了许多倍，引起铁芯中磁通急剧增加而达到饱和状态。由于二次绕组感应电动势与磁通变化率成正比，所以在磁通值过零瞬间，二次绕组产生很高的电动势，可以达到数千伏甚至更高，从而危及人身以及设备的安全。电流互感器如图 3-16 所示。

图 3-16　电流互感器

3.4.5　电压互感器（TV）

电压互感器是将高电压按规定比例转换成低电压，提供给仪表、保护装置使用，将二次设备与高压设备隔离，不仅可以保证设备和人身安全，还可以使仪表及二次装置标准化、简单化，提高经济效益。

电压互感器基本构造与普通变压器相似，实际上是一个一次侧的线圈匝数较多、二次侧的线圈匝数较少的降压变压器。使用时，将一次侧与被测电路并联，二次侧与电压表并联。由于电压表的内阻很大，故其正常工作状态接近于开路状态。

电压互感器按电压变换原理可分为电磁式电压互感器、

电容式电压互感器、光电式电压互感器三大类。

传统型电压互感器工作原理和结构与普通变压器相似，是按电磁感应原理工作的，只是容量较小，通常只有几十伏安或几百伏安。电容式电压互感器由电容分压器和电磁单元相互连接而成，其电磁单元的二次电压的大小与加在电容分压器上的一次电压成某一额定比例，相位相同。具有电磁式电压互感器的全部功能；其耐雷电冲击性能理论上比电磁式电压互感器优越，可降低雷电波的波头陡度，对变电站设备具有一定的保护作用；不存在电磁式电压互感器与断路器断口电容的串联铁磁谐振问题；价格比较便宜，电压等级越高越有优势。

电子式电压互感器目前主要的传感方式分为电阻分压方式、电容分压方式及阻容分压方式，利用与有源电子式电流互感器类似的电子模块处理信号，使用光纤传输信号。对于 GIS 结构，由于采用 SF_6 气体绝缘，可以采用电容环分压结构。这种结构的电子式电压互感器具有优良的暂态性能。首先参数设定方面，采用了“小电容”结构，保证了滞留电荷的最小；第二，电路部分的阻抗匹配进行了优化设计，使暂态过程的衰减速度最快。这种互感器可以和有源式电流互感器组合在一起安装在 GIS 气室中。目前 220kV 云会变采用 OET700 系列电压互感器，它是利用电容分压原理实现的电压互感器。在额定电压下模拟量量输出为 1.5V，数字量输出为 2D41。

电磁式互感器与 OET700 系列电子式互感器原理应用类比，如图 3-17 所示。

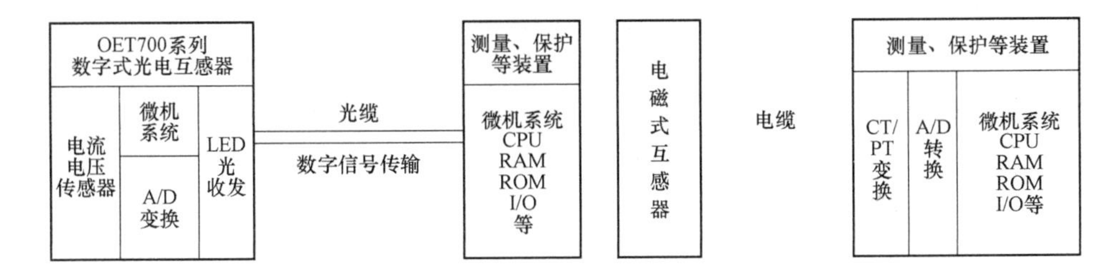

图 3-17　电磁式互感器与 OET700 系列电子式互感器原理应用类比

电子式电压互感器优点：

（1）支柱式互感器的高低压部分通过光纤连接，没有电气联系，绝缘距离约等于互感器整体高度。

（2）无磁饱和、频率响应范围宽、精度高、暂态特性好，不受环境因素影响。

（3）数字信号通过光纤传输，增强了抗 EMI 性能，数据可靠性大大提高。

（4）无传统二次负荷概念。

（5）高低压部分的光电隔离，使得电流互感器二次开路、电压互感器二次短路可能导致危及设备或人身安全等问题不复存在。

（6）支柱式互感器以绝缘脂替代了传统互感器油或 SF_6，避免了传统充油互感器渗漏油现象，也避免了 SF_6 互感器的 SF_6 气体的渗漏气现象。

（7）固体绝缘保证了互感器绝缘性能更加稳定，无需检压检漏，运行过程中免维护。

电压互感器常见异常的判断见表 3-1。

表 3-1　　　　　　　　　　电压互感器常见异常的判断

异常现象	判断
35kV 母线三相电压指示不平衡：一相降低（可为零），另两相正常	可能是 35kV 电压互感器高压熔丝熔断
35kV 母线三相电压指示不平衡：一相降低（可为零），加两相升高（可达线电压），或指针摆动	可能是单相接地故障
35kV 母线如多相电压同时升高，并超过线电压（指针可摆到头）	可能是谐振过电压
中性点有效接地系统，母线倒闸操作时，出现相电压升高并以低频摆动	一般为串联谐振现象
中性点有效接地系统，若无任何操作，突然出现相电压升高	可能是互感器内部绝缘损坏，如绝缘支架、绕组层间或匝间短路故障
中性点有效接地系统，母线倒闸操作时，出现相电压升高并以低频摆动	一般为串联谐振现象
中性点有效接地系统，若无任何操作、突然出现相电压升高	可能是互感器内部绝缘损坏，如绝缘支架、绕组层间或匝间短路故障

3.4.6　高频载波通道一次元件

高频通道是由高频阻波器、耦合电容器、结合滤波器、高频电缆和高频收发信机等组成。

（1）高频阻波器（XZF-1600-1.0/40）由电感线圈、避雷器、强流线圈、调谐电容组四个部分组成，如图 3-18 所示。电感线圈和避雷器组成保护元件，防止调谐电容过电压；电容器和强流线圈组成调谐元件，调谐于工作频率；强流线圈用于导通工频电流。

（2）耦合电容器（OWF220/$\sqrt{3}$-0.05H）主要用于工频高压及超高压交流输电线路中，以实现载波通信、测量、控制、保护及抽取电能等目的，可用来隔离工频高电压，使线路高电压不能窜入高频装置。耦合电容器的设计电压在中性点接地系统中应为相电压，如图 3-19 所示。耦合电容器容量很小，对工频信号有很大的阻抗，对高频信号阻抗很小，它是强电弱电的分界点，其上端与高压输电线路相连，下端与结合滤波器相连。耦合电容器与结合滤波器、阻波器结合使用，结合设备经耦合电容器与电力线的单相或多相导线耦合。相地耦合、相相耦合是最普遍的耦合方式。其特点是：

图 3-18　高频阻波器

图 3-19　耦合电容器

1）使高压强电与高频设备进一步隔离，并阻拦其他频率信号的干扰；还能使高频通路的输入阻抗与高频电缆的输入阻抗相匹配，以利于高频信号的传输；

2）通过结合滤波器、阻波器还能使经过耦合电容器泄漏的高压工频电流安全可靠地接地，从而保障高频设备的安全。

（3）结合滤波器（JL-400-5.0N1）连接于耦合电容器与高频电缆之间，它里面的电容器 C 和耦合电容器配合组成带通滤波器，可以抑制工频带以外的其他高频波的干扰，通过内部线圈 L2 和 L1 的耦合，线路侧输出的高阻抗和电缆侧输出的低阻抗相匹配，可使收信机得到最大量的工作高频信号。从而成为保证通信质量、通信设备及人身安全所不可缺少的重要设备，如图 3-20 所示。

图 3-20　结合滤波器

结合滤波器一般由接地开关、避雷器、排流线圈、调谐元件（包括匹配变量器）组成。结合滤波器设备中，排流线圈、调谐元件安装在一个壳体内，接地开关安装在壳体外。正常使用条件下，结合设备应能经受一般性日光、雨、雾、雹、雪和结冰的环境。

结合滤波器各基本元件的作用如下：

1）接地开关，将结合设备的初级端子直接有效地接地，以满足维修和其他的需要，保证设备和人身安全；

2）避雷器，限制来自输电线路的瞬时过电压；

3）排流线圈，将来自耦合电容器的工频电流接地。

3.5　变电站二次系统

3.5.1　二次设备

变电站二次设备是指对一次设备的工作进行监测、控制、调节、保护以及为运行、维护人员提供运行工况或生产指挥信号所需的低压电气设备，如熔断器、控制断路器、继电器和控制线缆等。由二次设备相互连接，构成对一次设备进行监测、控制、调节和保护的电气回路，称为二次回路或二次系统。

3.5.1.1　监测回路

监测回路由各种测量仪表及相关回路组成，其作用是指示或记录一次设备的运行参数，以便运行人员掌握一次设备的运行情况。它是分析电能质量、计算经济指标、了解系统潮流和主设备运行工况的主要依据。

3.5.1.2　控制回路

控制回路是由控制开关和控制对象的传递机构及执行机构组成的。其作用是对一次开关设备进行“分”“合”闸操作。控制回路按自动化程度可分为手动控制和自动控制两种；按控制距离可分为就地控制和远方控制两种；按控制方式可分为分散控制和集中控制两种；按操作电源性质可分为直流操作和交流操作两种。

3.5.1.3　调节回路

调节回路指的是由测量机构、传输机构、传送机构和调节器组成的调节型自动装置。其作用是根据一次设备运行参数的变化，实时在线调节一次设备的工作状态，以满足运行要求。

3.5.1.4　信号回路

信号回路是由信号发送机构、传输机构和信号器构成的。其作用是反映一、二次设备的工作状态。信号回路按信号性质可分为事故信号、异常信号、越限信号、变位信号和告知信号五种；按信号的提示方式可分为灯光信号和音响信号两种；按信号的复归方式可分为手动复归信号和自动复归信号两种。

3.5.1.5　继电保护和安全自动装置回路

继电保护和安全自动装置回路是由测量、比较、逻辑判断和执行等部分组成的。其作用是自动判别一次设备的运行状态，在系统发生故障或异常运行时，自动跳开断路器隔离故障点或发出故障信号，故障或异常运行状态消失后，快速合上断路器，恢复系统正常运行。

3.5.1.6　操作电源回路

操作电源系统是由电源设备和供电网络组成的，它包括直流电源系统和交流电源系统。其作用是供给上述各回路工作电源。发电厂和变电站的操作电源多采用直流电源系统，对小型变电站也可以采用交流电源和整流电源。

3.5.2　典型变电站的电流与电压回路

3.5.2.1　电流回路

以一组保护用电流回路（图 3-21）为例，A 相第一个绕组头端与尾端编号 1A1、1A2，如果是第二个绕组则用 2A1、2A2，其他同理。

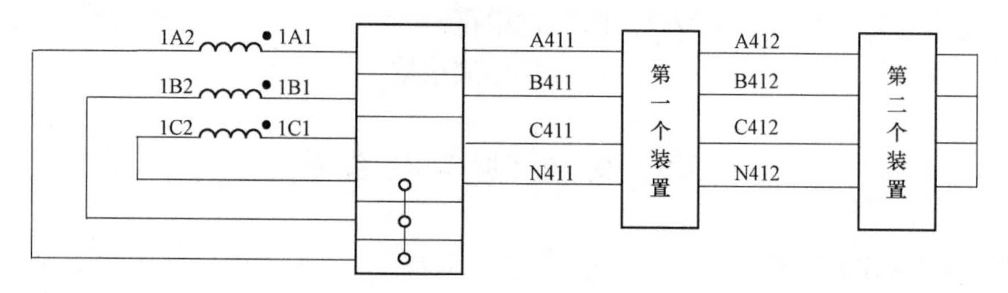

图 3-21　电流回路图（一）

3.5.2.2　电压回路

母线电压回路的星形接线采用单相二次额定电压 57V 的绕组，星形接线也叫做中性点接地电压接线。以变电站高压侧母线电压接线为例，如图 3-22 所示。

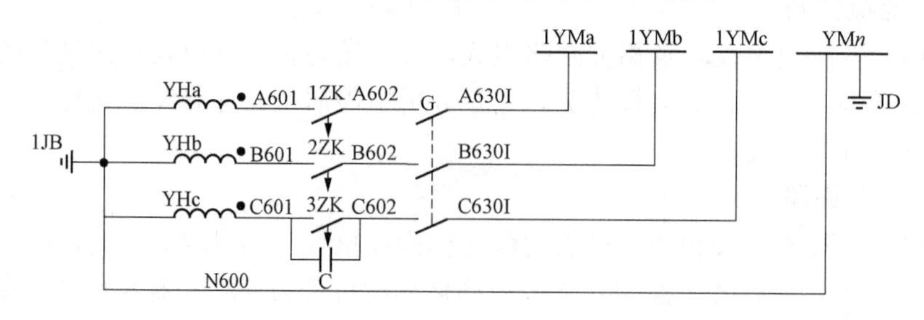

图 3-22　电压回路图（一）

（1）为了保证 TV 二次回路在末端发生短路时也能迅速将故障切除，采用了快速动作自动开关 ZK 替代熔断器。

（2）采用了 TV 刀闸辅助接点 G 来切换电压。当 TV 停用时 G 打开，自动断开电压回路，防止 TV 停用时由二次侧向一次侧反馈电压造成人身和设备事故，N600 不经过 ZK 和 G 切换，是为了 N600 有永久接地点，防止 TV 运行时因为 ZK 或者 G 接触不良，TV 二次侧失去接地点。

（3）1JB 是击穿熔断器，击穿熔断器实际上是一个放电间隙，正常时不放电，当加在其上的电压超过一定数值后，放电间隙被击穿而接地，起到保护接地的作用，高电压侵入二次回路也有保护接地点，防止中性点接地不良。

（4）传统回路中，为了防止在三相断线时断线闭锁装置因为无电源拒绝动作，必须在其中一相上并联一个电容器 C，在三相断线时候电容器放电，供给断线装置一个不对称的电源。

（5）因母线 TV 是接在同一母线上所有元件公用的，为了减少电缆联系，设计了电压小母线 1YMa，1YMb，1YMc，YMn（前面数值“1”代表 I 母 TV。）TV 的中性点接地 JD 选在主控制室小母线引入处。

（6）在 220kV 变电站，TV 二次电压回路并不是直接由隔离开关辅助接点 G 来切换，而是由 G 去启动一个中间继电器，通过这个中间继电器的动合触点来同时切换三相电压，该中间继电器起重动作用，装设在主控制室的辅助继电器屏上。

对于双 57V 绕组的 TV，另一组用于表计计度，接线方式与上面完全一致，共用一个击穿保险 1JB，只是编号略有不同，可以参见第二章的讲解。

母线零序电压按照开口三角形方式接线，采用单相额定二次电压 100V 绕组，如图 3-23 所示。

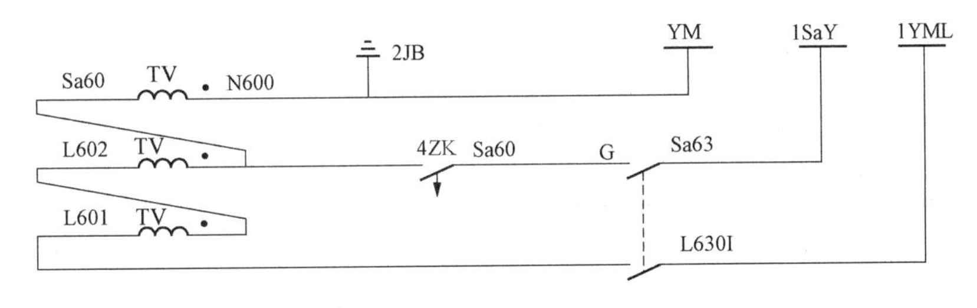

图 3-23　电压回路图（二）

（1）开口三角形是按照绕组相反的极性端由 C 相到 A 相依次头尾相连。

（2）零序电压 L630 不经过快速动作开关 ZK，因为正常运行时 U_0 无电压，此时若 ZK 断开不能及时发现，一旦电网发生事故时保护就无法正确动作。

（3）零序电压尾端 N600 按照《反措》要求应与星形的 N600 分开，各自引入主控制室的同一小母线；同样，放电间隙也应该分开，用 2JB。

（4）同期抽头 Sa630 的电压为$-U_a$，即-100V，经过 ZK 和 G 切换后引入小母线 SaYm。

在图 3-24 中，电网 k 点发生不对称故障，故障点 k 出现零序电动势 E_0，零序电流 I_0 从线路流向母线，母线零序电压 U_0 却是规定由母线指向系统，所以必须将零序电压按照相反方向接线才能使零序功率方向是由母线指向系统。这是传统接线方式，在保护实现微机

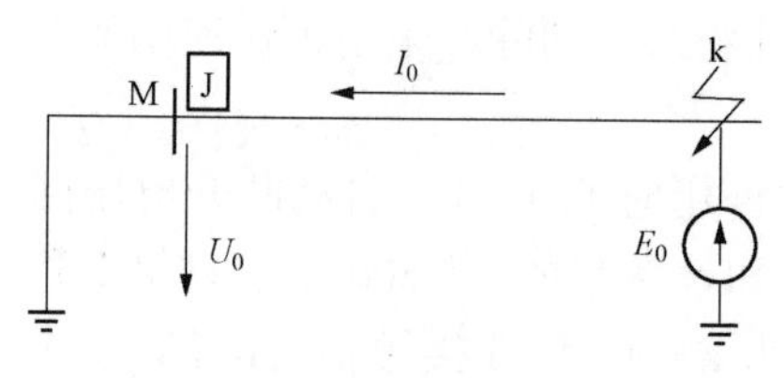

图 3-24　电流回路图（二）

化后，零序电压由保护计算三相电压相量和来自产，不再采用母线零序绕组，这样接线是为了备用。

线路电压的接法：线路电压互感器一般安装在线路的A相，采用100V绕组。

（1）线路电压的ZK装在各自的端子箱。

（2）线路电压采用反极性接法，U_x=－100V，与零序电压的抽头 U_{sa} 比较进行同期合闸。

（3）线路电压的尾端N600在保护屏的端子上通过短接线与小母线的下引线YMn端子相连。

3.5.3　智能变电站配置

3.5.3.1　配置要求

（1）对于单间隔的保护应直接采样、直接跳闸，涉及多间隔的保护（母线保护）宜直接采样、直接跳闸。对于涉及多间隔的保护（母线保护），如确有必要采用其他跳闸方式，相关设备应满足保护对可靠性和快速性的要求。

（2）过程层SV网络、过程层GOOSE网络、站控层MMS网络应完全独立，继电保护装置接入不同网络时，应采用相互独立的数据接口控制器。

（3）220kV及以上电压等级的继电保护及与之相关的设备、网络等应按照双重化原则进行配置。

（4）110kV变压器电量保护宜按双套配置，双套配置时应采用主、后备保护一体化配置；若主、后备保护分开配置，后备保护宜与测控装置一体化。变压器各侧MU按双套配置，中性点电流、间隙电流并入相应侧MU，如图3-25所示。

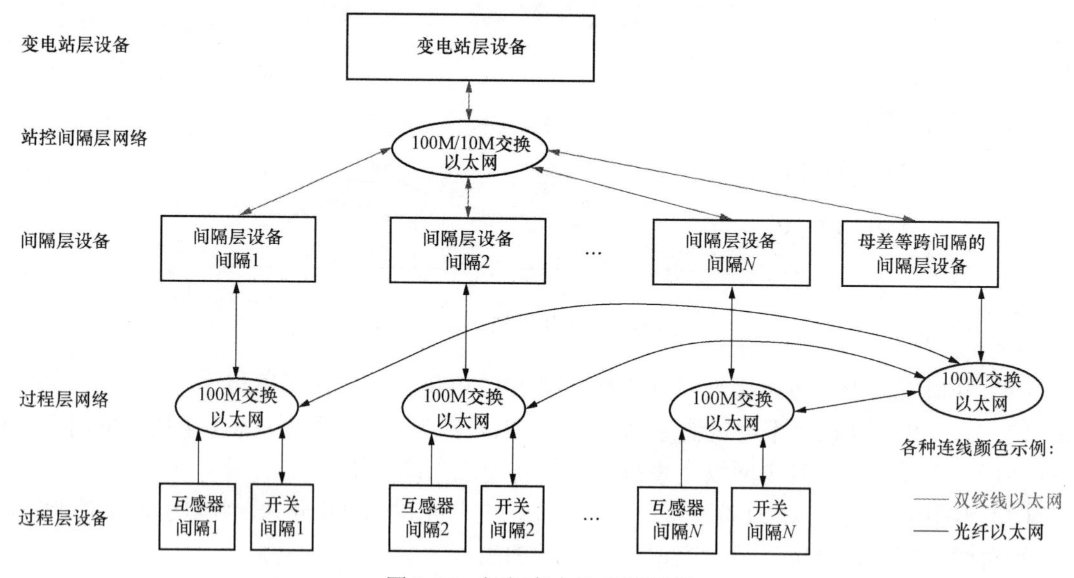

图 3-25　智能变电站典型配置

3.5.3.2　过程层网络配置原则

（1）过程层SV网络、过程层GOOSE网络、站控层网络应完全独立配置。

（2）过程层SV网络、过程层GOOSE网络宜按电压等级分别组网。变压器保护接入不同电压等级的过程层 GOOSE 网时，应采用相互独立的数据接口控制器。

（3）继电保护装置采用双重化配置时，对应的过程层网络也应双重化配置，第一套保护接入 A 网，第二套保护接入 B 网；110kV 过程层网络宜按双网配置。

（4）任两台智能电子设备之间的数据传输路由不应超过 4 个交换机。

（5）根据间隔数量合理配置过程层交换机，3/2 断路器接线方式，交换机宜按串设置。每台交换机的光纤接入数量不宜超过 16 对，并配备适量的备用端口。

智能变电站配置原理如图 3-26 所示。

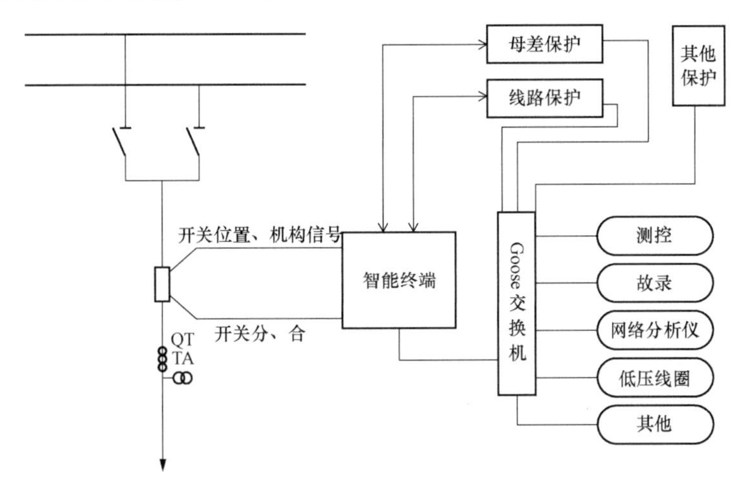

图 3-26　智能变电站配置原理图

3.5.3.3　智能终端配置原则

（1）220kV 及以上电压等级智能终端按断路器双重化配置，每套智能终端包含完整的断路器信息交互功能。

（2）智能终端不设置防跳功能，防跳功能由断路器本体实现。

（3）220kV 及以上变压器各侧的智能终端均按双重化配置；110kV 变压器各侧智能终端宜按双套配置。

（4）智能终端采用就地安装方式，放置在智能控制柜中。

（5）智能终端跳合闸出口回路应设置硬连接板。

3.5.4　其他回路

3.5.4.1　母差保护上线路隔离开关位置信号回路

母差保护需要判断该间隔运行在哪段母线上，一般采用该间隔的隔离开关位置继电器，如图 3-27 所示。

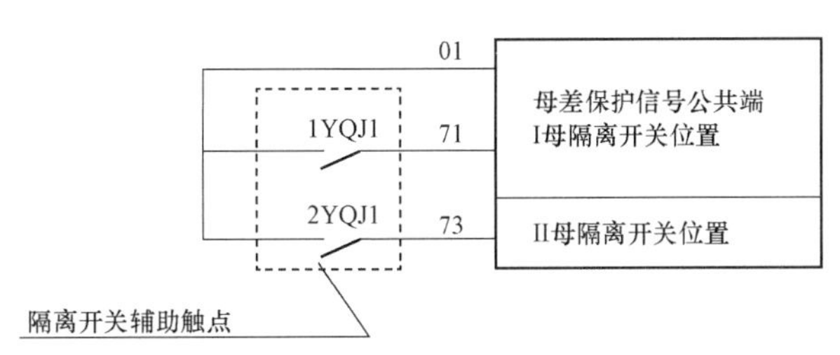

图 3-27　线路隔离开关位置信号回路图

3.5.4.2　失灵启动母差回路

在 220kV 线路等保护中，还专门装设有失灵保护。失灵保护最核心的功能是提供一组过流动作接点。在间隔发生故障时，本保护跳闸出口接点 TJ2 动作，故障电流同时使失灵保护的 LJ 也动作，这样失灵启动母差。若本保护在母差动作之前把故障切除，则 TJ、LJ 都返回，母差复归，否则，母差保护将延时出口对应该间隔的母差跳闸接点对其跟跳。若跟跳后该故障还存在，则母差上所有间隔的出口接点全部动作。

在 220kV 系统中，由于是分相操作，分别提供三相接点，使用时应将三相接点并联。

3.5.4.3　不一致保护

在有些失灵保护中还提供了不一致保护功能，不一致又叫非全相，反应在断路器处于单相或两相运行的情况下是否要把运行相跳开。

只要断路器三相不全在跳闸位置或者合闸位置，非全相保护都要启动，经定值整定确定是否跳闸。

3.5.4.4　综合重合闸回路

220kV 断路器属于分相操动机构，因此重合闸分为停用、单相重合闸、三相重合闸和综合重合闸四种方式，由装设在保护屏的重合闸把手开关人工切换。这四种方式的动作特征如下：

（1）单重：单相故障单跳单重，多相故障三跳不重；

（2）三重：任何故障都三跳三重；

（3）综重：单相故障单跳单重，多相故障三跳三重。

注意，选择停用方式时，仅仅是将该保护的重合闸功能闭锁，而不是三跳，这是因为 220kV 线路是双保护配置，一套重合闸停用，另一套重合闸可能是在单重方式下运行，所以本保护不能三跳。如果重合闸全部停用，为了保证在任何故障情况下都三跳，必须把“勾通三跳连接片”投上（对于 220kV 旁路断路器只有一套保护，所以要停用重合闸就必须先将“勾三连接片”投入）。

3.5.4.5　断路器位置信号

分相操动机构断路器必须三相都合上才能算是处于合闸位置，只要有一相断路器跳开就属于分闸状态，因此 HWJ 是串联，TWJ 是并联方式来发信号，如图 3-28 所示。

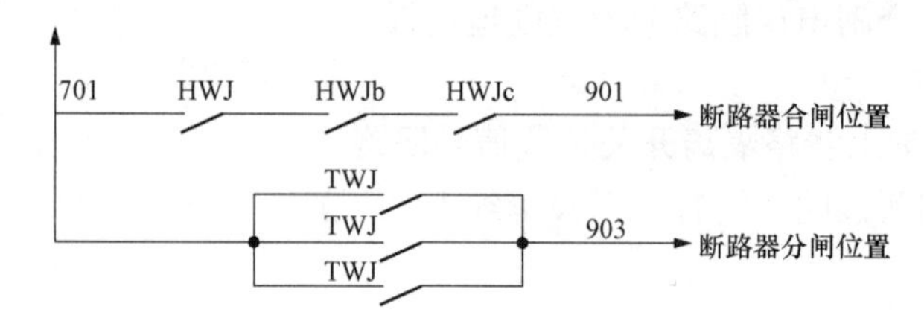

图 3-28　断路器位置信号回路

3.5.4.6　主变压器测温回路

主变压器测温回路对 Pt100 电阻的精确度要求较高，就是导线上的电阻 r 影响也必须考虑，所以设计了 T05+的补偿回路，根据补偿，就能够获得 Pt 上的压降，再计算出 Pt 的电阻，最后对照 Pt100 电阻的温度和电阻的特性就能够得到主变压器的温度。

3.5.4.7　交直流电源回路

断路器需要交流电源柜内照明、加热，需要直流电源电机储能（220V）或者作合闸电源（240V）。

每个一次电源等级相同的间隔用一条主线路，主线路把所有该等级间隔的端子箱串联起来，图 3-28 给出的直流回路是一个手拉手的合环回路，每个端子箱都有一个开环的刀闸，这样某个机构要停止供电时只需要断开它自己和旁边某一侧端子箱的刀闸即可，而不影响其他机构的正常供电，在主线路上已经有直流屏的出线熔断器（1FU、2FU），所以只能是安装刀闸，不能是可熔熔断器或者空气断路器。但是在到机构箱去的分支线路中还必须有可熔熔断器或者空气断路器。

合闸电源和储能电源的不同点，在以往的开关中，多是由操作电源动作接触器，接触器的大容量触点接通合闸电源，开关的合闸线圈瞬间通过冲击大电流产生巨大磁场，线圈中的铁芯动作带动开关动触头连杆，把开关合上，所以合闸电缆都比较粗，用 2×30 以上的铝芯电缆，在合闸瞬间直流屏受到的冲击影响也比较大。现在的弹簧操动机构开关，都是事先由储能电源将合闸弹簧储能，合闸时操作电源通过合圈，合圈中的铁芯顶开固定弹簧的棘爪，弹簧瞬间释放能量，由这个弹簧的弹性势能去推动连杆，将动触头合上。

通过比较合闸电源和储能电源的不同，因工作需要断开运行开关的合闸电源必须经过调度部门的同意，因为合闸电源一旦断开，开关重合闸就不再起作用。储能电源不存在这个缺陷。

第4章 地区电厂调度运行

4.1 发电厂基本知识

4.1.1 火力发电厂

火力发电是利用燃烧燃料（煤、石油及其制品、天然气等）所得到的热能发电。火力发电的发电机组有两种：利用锅炉产生高温高压蒸汽冲动汽轮机旋转，进而带动发电机发电，称为汽轮发电机组；燃料进入燃气轮机将热能直接转换为机械能驱动发电机发电，称为燃气轮机发电机组。火力发电厂通常是指以汽轮发电机组为主的发电厂。

火电厂是我国电能主要来源。

4.1.2 水力发电厂

水力发电是将高处的河水（或湖水、江水）通过导流引到下游形成落差推动水轮机旋转带动发电机发电。以水轮发电机组发电的发电厂称为水力发电厂。

水力发电厂按水库调节性能的不同又可分为以下几类。

（1）径流式水电厂：无水库，基本上是以来水定电、无调节能力的水电厂；

（2）日调节式水电厂：水库很小，调节周期为一昼夜，将一昼夜天然径流通过水库调节发电的水电厂；

（3）年调节式水电厂：对一年内各月的天然径流进行优化分配、调节，将丰水期多余的水量存入水库，保证枯水期放水发电的水电厂；

（4）多年调节式水电厂：将不均匀的多年天然来水量进行优化分配、调节，多年调节的水库容量较大，将丰水年的多余水量存入水库，补充枯水年份的水量不足，以保证电厂的可调出力；

（5）抽水蓄能电厂：具有上部蓄水库和下部蓄水库，在低谷负荷时水轮发电机组可变为水泵工况运行，将下池水抽到上池储蓄起来，在高峰负荷时水轮发电机组可变为发电工况运行，利用上池的蓄水发电。

水电厂建设费用高，发电量受水文和条件限制，且电能成本低，具有水利综合效益。水轮机从启动到带满负荷只需要几分钟，能够适应电力系统负荷变动，因此水电厂可以担任系统调频、调峰及负荷备用的作用。

4.1.3 核能发电厂

核能发电是利用原子反应堆中核燃料（例如铀）慢慢裂变所放出的热能产生蒸汽（代替了火力发电厂中的锅炉），驱动汽轮机再带动发电机旋转发电。以核能发电为主的发电厂称为核能发电厂，简称核电站。根据反应堆的类型，核电站可分为压水堆式、沸水堆式、气冷堆式、重水堆式、快中子增值堆式等。

4.1.4 新能源发电厂

所谓新能源，或称可再生能源，就是不会随着它本身的转化或人类的利用而日益减少的能源，具有自然的恢复能力，如太阳能、风能、水能、生物质能、海洋能和地热能等，利用这些能源转化为电能的发电厂称为新能源发电厂。

4.2 发电厂运行管理

4.2.1 地区直调发电厂划分原则

地调电厂调控管辖的划分，原则上按照并网电压等级及容量进行确定，当两者矛盾时，由上级调度确定。

（1）火电厂（含燃油、燃气）单机容量在5000kW及以上、50000kW以下，总装机容量在100000kW以下；

（2）水电厂单机容量在4000kW及以上，总装机容量在6000kW及以上、50000kW以下；

（3）风电场总装机容量在6000kW及以上、50000kW以下；

（4）光伏电站总装机容量在40000kW以下；

（5）其他认为应由地调直接调度的电厂。

4.2.2 网厂协调

发电机自动励磁调节装置、电力系统稳定器（PSS）、调速系统、AGC、AVC、频率异常保护、过（低）电压保护、过励磁保护、失磁保护、失步保护等涉网装置，必须纳入有关调度控制机构的统一管理。

并网发电厂应严格执行电网有关技术标准和管理规定，并按调度控制机构要求进行参数实测、建模和PSS、一次调频、进相等试验。上述设备经技术改造或更新后，应重做相关试验，并向调度控制机构报送有关资料，若设备技术性能发生改变，发电厂还应重新进行并网安全性自评价。

影响系统安全稳定的发电机励磁调节器和调速器等应投入要求的自动控制模式，未经值班调度员许可，不得退出运行。涉及系统稳定的机组PSS参数、低励限制定值、调差系数和一次调频定值等应严格按调度控制机构下达的定值整定，不得擅自启停功能和更改定值。

并网运行时，发电机励磁调节器应投入自动电压闭环控制模式，不得采用无功恒定或其他控制模式。机组的计算机监控系统也应投入电压闭环控制模式，除手动或AVC调节的短时间外，不允许采用无功恒定或其他控制模式。

涉及系统安全稳定的发电厂机组定子过电压、定子低电压、过负荷、低频率、高频率、过励磁、失步、失磁保护及主变压器零序电流、零序电压等保护的配置和整定应满足有关规程规定和涉网安全稳定网厂协调要求。

发电厂应按调度控制机构的要求落实预防与控制电网功率振荡的各项措施，保证现场运行规程与电网调度规程相适应，保证出现功率振荡时能够及时响应和处置，平息功率振荡，共同确保电网安全稳定运行。

4.2.3 水库调度

4.2.3.1 水库调度基本原则

按照设计确定的任务、参数、指标及有关运用原则，在确保枢纽工程安全的前提下，充分发挥水库的综合利用效益。凡并网运行的水电厂，在保证各时期控制水位的前提下，应充分发挥其在电网运行中的调峰、调频、调压和事故备用等作用。

水电厂的防洪抗旱运用，必须服从有调度管辖权的防汛抗旱指挥机构的统一指挥和监督。梯级水电站的调度运用，要综合考虑梯级水库运行客观规律和特点，统筹协调发电与综合利用的关系，保证梯级水电站平稳、协调运行。调度同一梯级水电站的不同调度机构之间应加强沟通和协调，保证整个梯级水电站的安全、协调运行。

4.2.3.2 水库调度运行管理

水电厂要加强水文气象预报管理工作，根据各自流域情况结合水库调度运行需要签订气象预报服务合同，收集流域天气实况、水情实况、天气预报和水情预报等。

水电厂应根据水库调度的实际需要，按照日、周、月、季、年等固定时段和汛期、汛末、枯水期等特定时段开展相应的水文预报工作，提出水库调度运行建议。水电厂应建立水情自动测报系统和水调自动化系统，对水库流域实时水情进行自动采集并实现与省调水调自动化系统互联。按照浙江电网水调自动化系统运行管理规定相关要求实现数据报送，保证报送数据的完整性、准确度和可靠性。

地调负责制定地调水电厂的长中短期水库调度运行方式，协助水电厂完成防汛、防台等工作，实现水电站经济运行，提高水能利用率。

水库的设计参数及指标是指导水库运行调度的依据，不得任意改变。水库调度运用的主要参数及指标应包括：水库正常蓄水位、设计洪水位、校核洪水位、汛期限制水位、死水位及上述水位相应的水库库容，水电站装机容量、发电量、保证出力，控制泄量等。这些参数及指标是进行水库调度的依据，应根据设计报告和有关协议文件，在年度水库调度运用计划、方案中予以阐明，并按照相应程序报批后上报地调。

水库洪水调度职责分工：在汛期承担下游防洪任务的水库，汛期防洪限制水位以上的洪水调度由有管辖权的防汛指挥部门调度；不承担下游防洪任务的水库，其汛期洪水调度由水电厂及其上级主管单位负责指挥调度。已蓄水运用的在建水电工程，其洪水调度应以工程建设单位为主，会同设计、施工、水库调度管理等单位组成的工程防汛协调领导小组负责指挥调度。

各水电厂应根据设计的防洪标准和水库洪水调度原则，结合下游实际情况，制定年度安全渡汛方案，并按照相应程序报批后报地调备案。

4.2.4 新能源调度

4.2.4.1 新能源调度基本原则

在确保电网安全稳定运行的前提下，合理安排电网运行方式，优先调度风电、光伏发电等新能源，充分利用可再生能源发电。新能源电站应做好功率预测和计划申报工作，按照各项规章制度要求，做好安全运行工作。

4.2.4.2 新能源调度运行管理

各级调度应按照《风电场接入电网技术规定》《光伏电站接入电网技术规定》《分布式光伏发电调度运行管理规定》和《风电调度运行管理规范》等有关要求，做好新能源电站并网管理工作。

新能源电站应具备齐全的变电站和机组技术资料，掌握所处地域内的自然地理和风力资源等基本情况，为新能源调度工作提供可靠依据。

新能源电站应满足有关技术规定及并网调度协议的要求，在并网前按照有关要求完成并网检测工作，在并网后完成电能质量、有功功率/无功功率调节能力等现场检测及评估。新能源电站应按相关标准要求接入有功、无功、运行状态和气象要素等必要的运行信息。

风电场和光伏电站应按相关规定建立功率预测系统，开展短期和超短期功率预测。根据功率预测结果，制定日前发电申报计划和超短期发电申报计划，并按规定上报相应调度机构。各级调度在保证电网安全运行基础上，原则上根据风电场和光伏电站发电申报计划编制和下达发电计划。如电网运行受到约束，可对发电计划进行适当调整。风电场和光伏电站应严格执行调度下达的发电计划。

风电场和光伏电站涉网保护、自动装置、自动化系统、通信设备的运行管理、检修管理应按照调控规程和相关规定执行，不得随意退出或停用。风电场及风电机组在紧急状态或故障情况下退出运行或通过安全自动装置切出，以及因频率、电压等系统原因导致机组解列时，不得自行并网，应立即向电力调度机构汇报，并将机组并网方式改变为手动状态，必须经电力调度机构同意后方可按调度指令并网。

在威胁电网安全的紧急情况下，电力调度机构值班员可以采取必要手段确保和恢复电网安全运行，包括调整光伏电站发电出力、对风电场和光伏电站实施解列等。

第5章 地区电网运行方式

5.1 调度计划检修

本节主要介绍设备检修计划管理的相关规程，以地调规程为主，并介绍涉及上级网调、省调设备的相关内容。

5.1.1 概述

设备计划检修分年度、月度、周和节日检修四种，凡新、扩、改建工程及设备检修均需列入计划管理。计划的编制和发布必须遵循严格的编制审核发布流程，各单位应按刚性管理要求严格执行。

设备检修计划安排原则：

检修计划编制应充分考虑电网运行风险和检修作业风险，以防止发生五级及以上事件为原则，统筹考虑基建、技改项目的停电计划，结合设备状态评价结果、可靠性预控指标与基建、市政、技改工程等的停电需求。

凡属地调调度和许可的设备，需要停止运行或退出备用进行检修（试验）者，各申请递交单位需按规定向地调办理申请手续，影响用户连续供电工作需提前 10 天提出申请。凡属上级调度机构调度和许可设备的一般计划检修，各申请递交单位需提前 10 个工作日上报申请给地调，经地调审核后上报省调停役申请由公司检修、运维单位提出并经本单位主管领导同意，报地调。非公司生产单位因工作申请设备停役，经设备主管单位同意，由设备检修、运维单位向地调办理停役申请手续。属地调调度和许可的用户资产设备停役检修或配合检修，由营销部（农电工作部、客户服务中心）或用户办理停役申请手续。

5.1.2 停役申请的具体规定

停役申请采用书面形式或网络传输形式，必要时可采用传真形式，但均需电话确认。停役申请单一般包括：申请单位、变电站、设备类别、电压等级、设备名称、申请停复役时间、停役类型、申请人、申请时间、工作内容、简图、安全措施要求、天气情况等，并由申请填报人和主管领导签字。图 5-1 为申请单示意图。

对停役申请中有特殊要求者，如提供试验电源、检修后需核相、带负荷试验、限制输送容量、更改运行方式等，应专门说明，不得随意变更。

在检修中（包括带电作业）影响正常运行方式者，如主接线或设备更改，拆搭头，设备参数变动以及电压互感器、电流互感器变更可能影响继电保护、计量表计正确性等情况，申请单位应在报送停役申请的同时，提供设备更改内容、明确复役要求，必要时绘图说明。引起主设备参数变动、电网接线改变的停役检修工作，必须在设备停役两周前由工程主管部门提供相关资料，并在设备停役前由运维单位提供设备新建（改接）申请书。

杭州供电公司
供电设备停役(试验)申请书

申请单位:萧山区供电公司　　填报部门:输电运检中心　　编号:TJ20140923035

设备名称	宁安1032线		
停役持续时间	2014-10-09 08:00:00 至 2014-10-09 12:00:00		
工作内容	宁安1032线25#塔跳线开断。		
安全措施	宁安1032线线路改检修状态。	雨天是否进行	否
试验要求及相位	无		
联系人	史勤峰	联系方式	677516

填报日期:2014-09-23 15:17:56　　填报人:张剑　　审核人:俞登科

杭州供电公司供电设备停役(试验)申请批准书

批准停役时间	2014-10-09 05:00:00 至 2014-10-09 12:00:00			
用户停电时间	至			
县调一次意见	由杭调审批	县调二次意见	由杭调审批	关联申请编号
签名及日期	王鲁儿 2014-09-24 17:11:09	签名及日期	倪晓耳 2014-09-24 17:12:42	
地调一次意见	5：00前配网完成以下西兴变方式调整：江豪线调月明线送，鑫然线调德信线送，齐飞线调同里线送。 万安变全调宁万1031线送，110kV无备用。西兴变南西1203线经1#主变送10kVI、II、III段，2#主变10kV侧改热备用。 工作结束，向现场确认宁安1032线25#塔已拆断，宁围变宁安1032线地线保留，其他地线拆除。宁安1032线兴南变侧改运行。西兴变恢复正常运行方式，舍配调西兴变10kV负荷转移方式可调回。万安变全调兴南变宁安1032线送，110kV无备用。	地调二次意见	万安变全调宁万1031线送，110kV无备用时，万安变110kV备自投改信号，西兴变1#主变送10kVI、II、III段，西兴变10kV备自投改信号。 工作结束，宁安1032线兴南变侧改运行，兴南变宁安1032线保护投入，西兴变恢复正常运行方式，西兴变10kV备自投改跳闸。	关联申请编号
签名及日期	陈静 2014-09-26 13:56:09	签名及日期	徐瑶 2014-09-26 14:37:47	

调度批准人		批准时间		调度值班员	
通知申请单位	萧山区供电公司	通知时间	2014-09-28 15:47:31	调度主管	余振刚 楼华辉

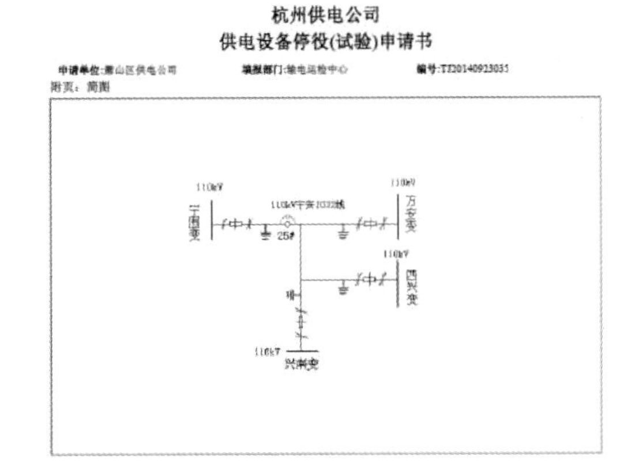

杭州供电公司
供电设备停役(试验)申请书

申请单位:萧山区供电公司　　填报部门:输电运检中心　　编号:TJ20140923035

附页：简图

图 5-1　停役申请单示意图

若设备检修工作需根据天气条件而定，在停役申请单上必须说明雨天是否取消、顺延日期等要求。已批复的停役申请，检修单位因故不能工作时，最迟应在工作前一天 12：00 前通知地调。确因天气变化，被迫不能工作时，也应在申请工作时间前 3h 告知值班调度员。因申请单位造成设备无效停役者，原则上当年不再受理该设备同一工作内容的停役申请。变电与线路的停役申请单应分别填写，不得合用一张申请单。停役申请单是调度进行方式安排和操作的依据，务必填写清楚、正确。申请填报单位应对停役范围和安全措施是否正确、完备负责；调度对完成停役申请单所提安全措施负责。

当发生事故或设备紧急缺陷需立即停役检修时可以不用书面申请，但变电站值长（值班负责人）、用电监察、线路运行检修单位生产调度人员应向值班调度员电话申请，说明停役的设备范围及措施要求、停役时间、工作负责人及复役要求等，并办理工作许可手续。对事故检修停役的设备，在停役 24h 后重新投入运行的，应办理书面复役手续。

设备检修提前结束，应及时向值班调度员汇报。设备检修由于某种原因不能如期完成时，应在工期过半前（计划当日开工并完工，则应在计划复役时间前 3h）向地调提出延迟申请，并说明延迟原因及延迟时间。重大方式的推迟或延期须经公司分管生产的领导批准。

值班调度员有权批准下列对系统运行方式无明显影响的临时工作：当日可以完工的设备检修、与已批准计划检修相配合的检修工作（但不能超出计划检修设备的停役时间，也不能影响原有复役方案）。

对 220kV 变电站全停可能造成重要用户（特级、一级）全停或其他四级及以上重大电网事件的运行方式，市公司必须根据有关要求做好防全停技术（组织）措施，并在设备停役申请单中注明落实情况。若仅能做防全停组织措施，则必须在上报设备停役申请单前向市公司安监部提供有关措施资料。

5.1.3　设备停役倒闸操作调度工作流程

调度员在接到停役申请后应在停役工作日前三日中班进行拟票，拟票应注意停役申请中的工作内容、安全措施、图示及继保批复是否完整、一一对应，如有疑问应及时向运行方式、继保人员提出。

计划检修操作票在拟票之后进入审票环节；拟票当值除拟票人外其余调度员、值长审票后，操作票流程进入预令阶段；由操作日前一天中班向相关厂站发布操作预令。按照申请停役时间进行倒闸操作。

5.1.4　负荷预测管理

5.1.4.1　日母线负荷预测

预测当日所有母线有功负荷曲线和无功负荷曲线。地调日母线负荷预测结果按 96 点进行编制和统计考核（每日 00：15～24：00，每 15min 一点）。每个工作日 10 时前，地级调控中心通过母线负荷预测系统上报预测日 220kV 主变压器断路器停运情况、母线负荷转移情况以及其他可能影响母线负荷变化的情况。每个工作日 11：45 前，地调对省调下发的母线负荷预测结果进行调整后上报省调。为做好母线负荷预测，县调提前 2 个工作日上报 110kV 主变压器高压侧负荷预测结果给地调；市公司营销部（农电工作部、客户服务中心）提前 2 个工作日提供变化较大的直供大用户负荷情况给地调。

5.1.4.2　日负荷曲线控制

地调调度员根据每日预测负荷曲线对负荷进行微调，主要手段为利用地调管辖的水电站机组开停机进行调峰。必要时可以采取方式调整，拉限电等手段进行负荷控制。

当上级调度对上报的日负荷曲线提出控制要求（如最高负荷、最低负荷限制等）时，各级调度应根据要求修改预测曲线后按期再次上报。

地调必须根据上级调度指令调整县调负荷曲线控制要求，县调应严格执行。

5.2　运行方式管理

5.2.1　系统正常运行方式的编制要求

（1）保证地区电网系统的安全稳定运行及特殊用电和重要用户的可靠供电。

（2）满足继电保护的技术要求，当系统发生故障时能迅速隔离故障，限制事故扩大。

（3）尽量使系统各处供电质量符合标准。

（4）在保证系统安全可靠运行的前提下，力求达到系统的最大经济性。

（5）满足系统的短路容量不超过设备允许值，变电、线路等设备的载流量不超过额定限额。

5.2.2　地区电网年度运行方式编制

地区电网年度运行方式编制按《浙江省地区电网年度运行方式编制及管理规定》要求执行，并包括下列内容：

（1）上一年度电网运行情况总结（包括上一年新设备投产情况、生产运行情况分析、电网安全情况分析）；

（2）地区电力生产需求预计（负荷预计、发供电预计、电力电量平衡分析）；

（3）电网新设备投产项目及计划、重要基建改建项目注意事项、年末电网接线图；

（4）电网主要设备检修计划、重要设备检修方式分析、检修安排注意事项；

（5）系统夏冬两季的高峰、腰荷、低谷及特殊运行方式典型潮流分析，“*N*–1”静态安全分析；

（6）电网安全稳定分析（电网供电能力、电厂暂态稳定）；

（7）系统无功、电压及网损情况预计和分析；

（8）系统低频率自动减载及低频解列装置配置方案；

（9）电网安全运行存在的重大问题及措施分析。

地调应按周编制设备检修运行方式，对特殊运行方式、新建或改建设备投入系统运行的运行方式，需经公司分管生产的领导批准。涉及上级电网有关运行方式还应经上级调度同意。

值班调度员遇到特殊情况需要临时改变运行方式时，应充分考虑系统负荷潮流变化、继电保护配置和有关运行规定，拟定临时运行方式，但事后应汇报调控组长或主任。

5.2.3 职责分工

5.2.3.1 浙江电力调度控制中心

浙江电力调度控制中心是浙江电网年度运行方式的归口管理部门，其主要职责是：

（1）负责浙江电网年度运行方式的编制和管理。

（2）负责管理与协调地区电网年度运行方式的编制，确保省、地电网年度运行方式的协调一致。

（3）负责编制浙江电网年度运行方式对策措施表，负责地区电网对策措施表的汇总编制，做好与浙江省电力公司相关部门的协调工作。负责将浙江省电力公司领导审定的相关对策措施纳入公司年度调度工作计划。

（4）负责组织浙江电网年度运行方式、地区电网年度运行方式公司汇报会。

（5）配合编制年度浙江电网安全生产重要任务及隐患治理措施，执行所承担的重要任务及重点措施。

（6）负责按照电力监管机构要求，向电力监管机构等政府部门汇报年度运行方式。

5.2.3.2 地市级供电企业

地市级供电企业是浙江电网年度运行方式的执行部门，其主要职责是：

（1）执行所承担的年度浙江电网安全生产重要任务及隐患治理措施；

（2）负责向浙江省电力公司相关部门上报附表有关资料；

（3）市级供电企业电力调度控制中心负责地区电网年度运行方式的编制和管理，配合浙江电力调度控制中心编制地区（县级）电网年度运行方式管理规定。

5.2.4 年度运行方式资料与数据准备

市级供电企业电力调度控制中心应在9月15日前向浙江电力调度控制中心，提供以下有关资料的年度预计数据，在1月第7个工作日前向浙江电力调度控制中心提供相应的年度实际数据。

（1）提供220kV及以上线路的实测参数；

（2）提供地区及地市供区最大负荷预计（含实绩）、负荷分布预计（含实绩）、小电源等值阻抗预计（含现状）、220kV主变压器“*N*–1”分析及地区小水火电装机及发电预计（含现状）；

（3）提供浙江电网省调及地调管辖安全自动装置明细表及增配计划；

（4）提供浙江电网 220kV 主变压器分接头动作情况统计。

其他材料：本年度地区电网运行情况及存在问题分析；下年度地区电网主要问题及对策分析；本年度、下年度地区 110kV 及以上电网接线图；地区电网年方式概要。

5.2.5　年度运行方式编制

市级供电企业电力调度控制中心在 12 月 15 日前完成地区电网年度运行方式概要的编制上报，在 2 月底前完成地区电网年度运行方式的编制。

5.2.6　年度运行方式汇报与批准

市级供电企业在 2 月底前召开企业负责人、主管生产领导参加的地区电网年度运行方式汇报会，审核地区电网年度运行方式，审定地区电网年度运行方式对策措施。

5.2.7　年度运行方式执行与评估

市级供电企业电力调度控制中心 3 月底前发布地区电网年度方式最终稿，市级供电企业发展策划部、基建部、运维检修部贯彻落实地区电网年度运行方式的安全措施，执行中发现的问题应及时反馈市级供电企业电力调度控制中心。

各级调度应在 9 月底前完成电网年度运行方式的后评估工作，及时评估对策措施的实施效果，分析总结存在的问题和差距，根据电网实际情况，提出进一步改进和完善电网运行方式的建议。

5.3　稳定运行规定

5.3.1　概述

系统稳定管理的任务是贯彻《电力系统安全稳定导则》，遵照实施省调对地区电网潮流输送限额、运行方式、继电保护、稳定措施等提出的要求。按照调度管辖范围分级负责的原则，对地区电网的稳定性进行全面的分析、计算，定期编制、颁发《地区电网年度稳定运行规定》，提出提高稳定的技术措施，包括新建项目安全自动装置的配置和实施，报省调备案。

电网静态、暂态、动态稳定的计算准则，按《电力系统安全稳定导则》《国家电网公司电力系统安全稳定计算规定》《国家电网公司电网安全稳定管理工作规定》《华东电网安全稳定计算管理暂行规定》《浙江电网年度暂态稳定规定》和《浙江省地区电网暂态稳定计算规定》执行。地调应依据运检部定期提供的设备过负荷能力编制稳定控制限额。若运行设备缺陷导致设备过负荷能力下降，运检部应及时书面通知地调。为确保电网安全稳定运行，上级调度可对下级电网的稳定限额、运行方式、继电保护、稳定措施等提出要求，下级调度应遵照执行。

地调完成电网稳定计算后，于每年 7 月底前结合省调下发的稳定运行规定，将计算结果归纳整理成稳定运行规定颁发执行并报省调备案，具体应包括以下内容：

（1）正常运行方式下本区域电网的稳定限额和稳定措施；

（2）线路、母线、变压器等设备停役，或其他一次方式改变后的区域电网的稳定限额和稳定措施；

（3）本区域电网其他经常出现的临时运行方式下的稳定限额和稳定措施；

（4）稳定规定应包括基建投产情况及其运行方式潮流图。

在线安全稳定分析范围涵盖市级供电企业所属110kV及以下所有输变电设备，相关要求参照《国家电网安全稳定计算技术规范》。在线安全稳定分析平台基于智能电网调度技术支持系统，地调根据智能电网调度技术支持系统及在线安全稳定，分析平台投产情况及时开展在线安全稳定分析。

5.3.2　稳定分析职责

市级供电企业电力调度控制中心负责地区电网安全稳定计算分析工作。

（1）负责地区电网运行方式安全稳定计算分析和重大运行方式分析工作的管理。

（2）负责浙江省电力调度控制中心调度管辖220kV及以下设备的计算分析、市级供电企业电力调度控制中心调度管辖设备的计算分析、浙江省电力调度控制中心指定运行方式的计算分析。

（3）负责开展潮流分析、电压无功分析、静态安全分析、暂态稳定计算以及频率稳定计算等，涉及110kV设备与高电压等级形成电磁环网的运行方式，需将计算结果报浙江省电力调度控制中心，涉及改变220kV供电分区的方式，市级供电企业电力调度控制中心应配合浙江省电力调度控制中心进行计算，涉及上级调度因安全稳定，控制措施需要拉停，改变220kV设备运行状态的其他方式，市级供电企业电力调度控制中心应配合浙江省电力调度控制中心进行计算。

（4）负责地区电网月度安全稳定计算基础文件和月度安全稳定计算文件的编制。

（5）负责将下月月度地区电网220kV变电站中低压侧母线负荷预测结果上报浙江省电力调度控制中心。预测时需考虑电网基建、技改及新设备投产等因素引起的负荷转移与增长。

（6）负责完成下月月度电网运行方式安全稳定计算分析报告，并上报浙江省电力调度控制中心，参加浙江省电力调度控制中心召开的浙江电网月度电网运行方式安全分析电话（电视）会议。

（7）负责完成周计划、日计划检修申请单中相应安全稳定计算分析工作，上报周/日分析报告，并视方式安排需要提交指定方式分析报告。

（8）市级供电企业电力调度控制中心在浙江省电力调度控制中心发布的月度安全稳定计算基础文件的基础上，根据地区发电方式、负荷预计、设备停电计划和新设备投产计划，形成地区电网月度安全稳定计算文件。

（9）周、日安全稳定计算文件以月度安全稳定计算文件为基础，由浙江省电力调度控制中心、市级供电企业电力调度控制中心分别根据周、日停电计划滚动更新。

5.3.3　运行方式安全稳定分析计算

市级供电企业电力调度控制中心形成电网月度安全稳定计算文件后，根据浙江省电力调度控制中心的要求，配合浙江省电力调度控制中心进行相关计算。并进行调度管辖220kV及以下设备的计算分析、市级供电企业电力调度控制中心调度管辖设备的计算分析、浙江省电力调度控制中心指定运行方式的相关计算分析。

市级供电企业电力调度控制中心根据周计划、日计划检修申请单内容，进行相应安全稳定计算分析工作，上报周/日分析报告，并视方式安排需要提交指定方式分析报告。

进行重要停电方式的安全分析：

（1）500kV线路停役；

（2）500kV变电站220kV母线停役；

（3）500kV 变电站 220kV 母差保护停役；

（4）500kV 主变压器停役；

（5）同一 220kV 输电通道中两回及以上线路同停；

（6）220kV 厂站 220kV 母线停役；

（7）220kV 厂站两回及以上出线同停；

（8）500kV/220kV 电磁环网结构中一回 220kV 线路停役；

（9）其他对电网稳定运行存在影响的停电方式。

设备“*N*–1”的故障分析：应包括发电机组、主变压器、线路、母线，根据需要考虑主变压器断路器、母联断路器、母分断路器和 500kV 串内断路器等。

严重故障分析：必须考虑同杆长度达到 50%及以上的同杆并架线路同时故障。根据需要考虑同杆长度小于 50%的同杆并架线路故障，平行双回线同时故障，安全自动装置拒动等。

故障类型、地点、重合闸及故障切除时间：

（1）故障类型应根据《电力系统安全稳定导则》的要求选取。

（2）故障地点应选取对系统稳定不利的地点。线路故障一般应选在线路两侧变电站出口，变压器故障一般应选在高压侧、中压出口，发电机出口故障应选在升压变压器高压侧出口。

（3）故障切除时间为从故障起始至断路器断弧的时间，一般按下列数据选取：

1）500kV 线路近故障点侧 0.09s，远故障点侧 0.1s；

2）220kV 线路近故障点侧 0.12s，远故障点侧 0.12s。

母线、变压器的故障切除时间按同电压等级线路近端故障切除时间考虑；对于保护和开关达不到上述要求的设备以及 110kV 及以下电网设备按实际情况考虑。

重合闸时间为从故障切除后到断路器主断口重新合上的时间，应根据系统条件、系统稳定的需要等因素确定。同杆并架线路具备分相重合能力时，应考虑异名相或同名相瞬时故障和永久故障，以及重合闸的作用。

对断面极限：应考虑计算采用的运行方式、模型参数等与实际存在差别而引入的计算误差，在计算极限值基础上扣除 5%得出控制极限值。

5.3.4　月度分析报告

市级供电企业电力调度控制中心编制“月度分析报告”并上报浙江电力调度控制中心。

5.3.4.1　月度（周）分析报告要求

（1）重要停电方式：停役设备，停电时间，工作内容；

（2）安全稳定性总体评价和建议；

（3）给出安全稳定性的总体评价，指出稳定性质和影响因素，给出必要的灵敏度分析结果；

（4）提出安全稳定措施，包括运行方式调整、主要断面功率极限值、稳定控制措施、对继电保护和重合闸的特殊要求、风险预控措施等。

5.3.4.2　指定方式分析报告要求

（1）重要停电方式：停役设备，停电时间，工作内容。

（2）初始潮流分析：设备停役方式下潮流分布、电压水平分析，须指出其他设备超长期输送能力、电压越上下限的情况。说明检修设备停役对电网设备潮流分布的影响，根据需要提供潮流转移的灵敏系数，另附设备停役前后潮流图。

（3）N–1静态安全分析：列出最严重故障及瓶颈元件，根据需要可提供两项及以上最严重故障及瓶颈元件，同时提供潮流转移的灵敏系数，各枢纽点电压情况，另附潮流图。对于故障后导致局部电网成孤立系统或部分变电站失电的情况，需特别说明。

（4）时域暂态稳定分析：系统暂态稳定判断结果分为系统失稳、局部电网失稳、系统增幅或等幅振荡和系统稳定。对于暂态稳定裕度不足的方式，需提供最严重故障、第一摆功角变化最大的机组及功角变化值，另附仿真曲线。

（5）主要断面极限及控制要求：主要断面极限应包括断面设备、设备潮流方向、控制值。受发电方式和负荷变化影响明显的断面极限可根据需要按分档极限给出，分档原则上不大于三个。同时，根据需要列举下列控制要求中的一项或多项：

1）浙江省电力调度控制中心调度安全自动装置状态调整要求；

2）市级供电企业电力调度控制中心调度安全自动装置状态调整要求；

3）220kV及以下设备站内接排方式调整要求；

4）220kV及以下母线（或主变压器中低压侧）合环或分列运行调整要求；

5）继电保护和重合闸的调整要求；

6）电厂或枢纽变电站母线电压控制要求；

7）电厂PSS装置投退状态调整要求；

8）变电所220kV及以下母线电压控制、中低压侧母线负荷功率因数控制要求。

（6）严重故障分析：对于严重故障后可能导致局部电网成孤立系统、部分变电站失电或设备连锁跳闸的情况，需特别说明。

（7）电网运行风险及预控措施：按浙电调〔2009〕1625号《浙江电网运行方式风险预警管理规定》执行。未列入《浙江电网运行方式风险预警管理规定》的电网运行风险及预控措施，根据需要列举以下一项或几项：

1）对发电出力的限制要求；

2）对受电能力的限制要求；

3）对局部电网供电能力的限制要求等。

（8）安全稳定性总体评价和建议：给出安全稳定性的总体评价，指出稳定性。

5.3.4.3　上报时间要求

市级供电企业电力调度控制中心每月10日前完成下月“月度分析报告”，并上报浙江电力调度控制中心。在上报周计划、日计划检修申请单时，根据需要完成相应安全稳定计算分析工作，上报“周、日分析报告”，并视方式安排需要提交“指定方式分析报告”。

第6章 继电保护及安全自动装置

电力系统继电保护和安全自动装置的功能是在合理的电网结构前提下，保证电力系统和电力设备的安全运行。继电保护和安全自动装置包括各电压等级的继电保护装置、安全自动装置及其二次回路设备（包括合并单元、智能终端、过程层交换机等）、故障录波器、网络报文分析仪、继电保护测试设备、二次回路状态监测装置、继电保护信息子站等二次设备。

继电保护和安全自动装置应符合可靠性、选择性、灵敏性和速动性的要求。当确定其配置和构成方案时，应综合考虑以下几个方面，并结合具体情况，处理好上述四性的关系：

（1）电力设备和电力网的结构特点和运行特点；

（2）故障出现的概率和可能造成的后果；

（3）电力系统的近期发展规划；

（4）相关专业的技术发展状况；

（5）经济上的合理性；

（6）国内和国外的经验。

继电保护和安全自动装置是保障电力系统安全、稳定运行不可或缺的重要设备。确定电力网结构、厂站主接线和运行方式时，必须与继电保护和安全自动装置的配置统筹考虑，合理安排。在确定继电保护和安全自动装置的配置方案时，应优先选用具有成熟运行经验的数字式装置。要满足电力网结构和厂站主接线的要求，并考虑电力网和厂站运行方式的灵活性。对导致继电保护和安全自动装置不能保证电力系统安全运行的电力网结构型式、厂站主接线型式、变压器接线方式和运行方式，应限制使用。

6.1 电力系统继电保护

6.1.1 继电保护基本任务

继电保护装置是指当电力系统中的电力元件（如发电机、线路等）或电力系统本身发生了故障或危及其安全运行的事件时，需要向运行值班人员及时发出警告信号，或者直接向所控制的断路器发出跳闸命令，以终止这些事件发展的一种自动化措施和设备。继电保护的基本任务：

（1）当被保护的电力系统元件发生故障时，应该由该元件的继电保护装置迅速准确地给距离故障元件最近的断路器发出跳闸命令，使故障元件及时从电力系统中断开，以最大限度地减少对电力元件本身的损坏，降低对电力系统安全供电的影响，并满足电力系统的某些特定要求（如保持电力系统的暂态稳定性等）。

（2）反应电气设备的不正常工作情况，并根据不正常工作情况和设备运行维护条件的不同（例如有无经常值班人员）发出信号，以便值班人员进行处理，或由装置自动地进行调整，或将那些继续运行而会引起事故的电气设备予以切除。反应不正常工作情况的继电保护装置容许带一定的延时动作。

继电保护主要利用电力系统中元件发生短路或异常情况时的电气量（电流、电压、功率、频率等）的变化，构成继电保护动作的原理，也有其他的物理量，如变压器油箱内故障时伴随产生的大量瓦斯和油流速度的增大或油压强度的增高。大多数情况下，不管反应哪种物理量，继电保护装置将包括测量部分（和定值调整部分）、逻辑部分和执行部分。

6.1.2　继电保护的“四性”

继电保护装置应满足可靠性、选择性、灵敏性和速动性的要求。这四“性”之间紧密联系，既矛盾又统一。

（1）可靠性：保护该动作时应可靠动作，不该动作时应可靠不动作。可靠性是对继电保护装置性能的最根本的要求。为保证可靠性，宜选用性能满足要求、原理尽可能简单的保护方案，应采用由可靠的硬件和软件构成的装置，并应具有必要的自动检测、闭锁、告警等措施，便于整定、调试和运行维护。

（2）选择性：首先由故障设备或线路本身的保护切除故障，当故障设备或线路本身的保护或断路器拒动时，才允许由相邻设备保护、线路保护或断路器失灵保护切除故障。为保证对相邻设备和线路有配合要求的保护和同一保护内有配合要求的两元件（如启动与跳闸元件或闭锁与动作元件）的选择性，其灵敏系数及动作时间，在一般情况下应相互配合。当重合于本线路故障，或在非全相运行期间健全相又发生故障时，相邻元件的保护应保证选择性。在重合闸后加速的时间内以及单相重合闸过程中发生区外故障时，允许被加速的线路保护无选择性。在某些条件下必须加速切除短路时，可使保护无选择动作，但必须采取补救措施，例如采用自动重合闸或备用电源自动投入来补救。发电机、变压器保护与系统保护有配合要求时，也应满足选择性要求。

（3）灵敏性：在设备或线路的被保护范围内发生金属性短路时，保护装置应具有必要的灵敏系数，各类保护的最小灵敏系数在规程中有具体规定。选择性和灵敏性的要求，通过继电保护的整定实现。

（4）速动性：保护装置应尽快地切除短路故障，其目的是提高系统稳定性，减轻故障设备和线路的损坏程度，缩小故障波及范围，提高自动重合闸和备用电源或备用设备自动投入的效果等。一般从装设速动保护（如高频保护、差动保护）、充分发挥零序接地瞬时段保护及相间速断保护的作用、减少继电器固有动作时间和开关跳闸时间等方面入手来提高速动性。

6.1.3　继电保护的分类

电力系统中的电力设备和线路，应装设短路故障和异常运行的保护装置。电力设备和线路短路故障的保护应有主保护和后备保护，必要时可增设辅助保护。

（1）主保护：满足系统稳定和设备安全要求，能以最快速度有选择地切除被保护设备和线路故障的保护。

（2）后备保护：主保护或断路器拒动时，用以切除故障的保护。后备保护可分为远后备和近后备两种方式。

1）远后备是当主保护或断路器拒动时，由相邻电力设备或线路的保护实现后备。

2）近后备是当主保护拒动时，由该电力设备或线路的另一套保护实现后备的保护；当断路器拒动时，由断路器失灵保护来实现的后备保护。

（3）辅助保护：为补充主保护和后备保护的性能或当主保护和后备保护退出运行而增设的简单保护。

（4）异常运行保护：反应被保护电力设备或线路异常运行状态的保护。

6.2　继电保护及安全自动装置配置要求

6.2.1　继电保护装置配置基本要求

制定保护配置方案时，对两种故障同时出现的稀有情况可仅保证切除故障。

在各类保护装置接于电流互感器二次绕组时，应考虑到既要消除保护死区，同时又要尽可能减轻电流互感器本身故障时所产生的影响。

当采用远后备方式时，在短路电流水平低且对电网不致造成影响的情况下（如变压器或电抗器后面发生短路，或电流助增作用很大的相邻线路上发生短路等），如果为了满足相邻线路保护区末端短路时的灵敏性要求，将使保护过分复杂或在技术上难以实现时，可以缩小后备保护作用的范围。必要时，可加设近后备保护。电力设备或线路的保护装置，除预先规定的以外，都不应因系统振荡引起误动作。

使用于220～500kV电网的线路保护，其振荡闭锁应满足如下要求：

（1）系统发生全相或非全相振荡，保护装置不应误动作跳闸；

（2）系统在全相或非全相振荡过程中，被保护线路如发生各种类型的不对称故障，保护装置应有选择性地动作跳闸，纵联保护仍应快速动作；

（3）系统在全相振荡过程中发生三相故障，故障线路的保护装置应可靠动作跳闸，并允许带短延时。

有独立选相跳闸功能的线路保护装置发出的跳闸命令，应能直接传送至相关断路器的分相跳闸执行回路。在单相跳闸后至重合前的两相运行的过程中，健全相再故障时，用于单相重合闸线路的保护装置，应具有快速动作三相跳闸的保护功能。技术上无特殊要求及无特殊情况时，保护装置中的零序电流方向元件应采用自产零序电压，不应接入电压互感器的开口三角电压。

保护装置在电压互感器二次回路一相、两相或三相同时断线、失压时，应发告警信号，并闭锁可能误动作的保护。保护装置在电流互感器二次回路不正常或断线时，应发告警信号，除母线保护外，允许跳闸。数字式保护装置，应满足下列要求：

宜将被保护设备或线路的主保护（包括纵、横联保护等）及后备保护综合在一整套装置内，共用直流电源输入回路及交流电压互感器和电流互感器的二次回路。该装置应能反应被保护设备或线路的各种故障及异常状态，并动作于跳闸或给出信号。

对仅配置一套主保护的设备，应采用主保护与后备保护相互独立的装置。保护装置应尽可能根据输入的电流、电压量，自行判别系统运行状态的变化，减少外接相关的输入信号来执行其应完成的功能。

对适用于110kV及以上电压线路的保护装置，应具有测量故障点距离的功能。故障测距的精度要求为：对金属性短路误差不大于线路全长的±3%。

对适用于220kV及以上电压线路的保护装置，应满足：

（1）除具有全线速动的纵联保护功能外，还应至少具有三段式相间、接地距离保护，反时限和/或定时限零序方向电流保护的后备保护功能。

（2）对有监视的保护通道，在系统正常情况下，通道发生故障或出现异常情况时，应发出告警信号。

（3）能适用于弱电源情况。

（4）在交流失压情况下，应具有在失压情况下自动投入的后备保护功能，并允许不保证选择性。

保护装置应具有在线自动检测功能，包括保护硬件损坏、功能失效和二次回路异常运行状态的自动检测。

自动检测必须是在线自动检测，不应由外部手段启动；并应实现完善的检测，做到只要不告警，装置就处于正常工作状态，但应防止误告警。除出口继电器外，装置内的任一元件损坏时，装置不应误动作跳闸，自动检测回路应能发出告警或装置异常信号，并给出有关信息指明损坏元件的所在部位，在最不利情况下应能将故障定位至模块。

保护装置的定值应满足保护功能的要求，应尽可能做到简单、易整定；用于旁路保护或其他定值经常需要改变时，宜设置多套（一般不少于8套）可切换的定值。保护装置必须具有故障记录功能，以记录保护的动作过程，为分析保护动作行为提供详细、全面的数据信息，但不要求代替专用的故障录波器。

保护装置故障记录的要求是：

（1）记录内容应为故障时的输入模拟量和开关量、输出开关量、动作元件、动作时间、返回时间、相别；

（2）应能保证发生故障时不丢失故障记录信息；

（3）应能保证在装置直流电源消失时，不丢失已记录信息。

保护装置应以时间顺序记录的方式记录正常运行的操作信息，如开关变位、开入量输入变位、连接片切换、定值修改、定值区切换等，记录应保证充足的容量。保护装置应能输出装置的自检信息及故障记录，后者应包括时间、动作事件报告、动作采样值数据报告，开入、开出和内部状态信息，定值报告等。装置应具有数字/图形输出功能及通用的输出接口。

保护装置应配置能与自动化系统相连的通信接口，通信协议符合DL/T 667继电保护设备信息接口配套标准。并宜提供必要的功能软件，如通信及维护软件、定值整定辅助软件、故障记录分析GB/T 14285—2006软件、调试辅助软件等。

保护装置应具有独立的DC/DC变换器供内部回路使用的电源。拉、合装置直流电源或直流电压缓慢下降及上升时，装置不应误动作。直流消失时，应有输出触点以起动告警信号。直流电源恢复（包括缓慢恢复）时，变换器应能自起动。保护装置不应要求其交、直流输入回路外接抗干扰元件来满足有关电磁兼容标准的要求。

保护装置的软件应设有安全防护措施，防止程序出现不符合要求的更改。

使用于220kV及以上电压的电力设备非电量保护应相对独立，并具有独立的跳闸出口回路。

继电器和保护装置的直流工作电压，对220～500kV断路器三相不一致，应尽量采用断路器本体的三相不一致保护，而不再另外设置三相不一致保护；如断路器本身无三相不一致保护，则应为该断路器配置三相不一致保护。跳闸出口应能自保持，直至断路器断开。自保持宜由断路器的操作回路来实现。

6.2.2　电力变压器保护

对升压、降压、联络变压器的下列故障及异常运行状态，应按本条的规定装设相应的保护装置：

（1）绕组及其引出线的相间短路和中性点直接接地或经小电阻接地侧的接地短路；

（2）绕组的匝间短路；

（3）外部相间短路引起的过电流；

（4）中性点直接接地或经小电阻接地电力网中外部接地短路引起的过电流及中性点过电压；

（5）过负荷；

（6）过励磁；

（7）中性点非有效接地侧的单相接地故障；

（8）油面降低；

（9）变压器油温、绕组温度过高及油箱压力过高和冷却系统故障。

0.4MVA 及以上车间内油浸式变压器和 0.8MVA 及以上油浸式变压器，均应装设瓦斯保护。当壳内故障产生轻微瓦斯或油面下降时，应瞬时动作于信号；当壳内故障产生大量瓦斯时，应瞬时动作于断开变压器各侧断路器。带负荷调压变压器充油调压开关，亦应装设瓦斯保护。瓦斯保护应采取措施，防止因气体继电器的引线故障、振动等引起瓦斯保护误动作。

对变压器的内部、套管及引出线的短路故障，按其容量及重要性的不同，应装设下列保护作为主保护，并瞬时动作于断开变压器的各侧断路器：

（1）电压在 10kV 及以下、容量在 10MVA 及以下的变压器，采用电流速断保护；

（2）电压在 10kV 以上、容量在 10MVA 及以上的变压器，采用纵差保护；

（3）对于电压为 10kV 的重要变压器，当电流速断保护灵敏度不符合要求时也可采用纵差保护。

电压为 220kV 及以上的变压器装设数字式保护时，除非电量保护外，应采用双重化保护配置。当断路器具有两组跳闸线圈时，两套保护宜分别动作于断路器的一组跳闸线圈。

纵联差动保护应满足下列要求：

（1）应能躲过励磁涌流和外部短路产生的不平衡电流；

（2）在变压器过励磁时不应误动作；

（3）在电流回路断线时应发出断线信号，电流回路断线允许差动保护动作跳闸；

（4）在正常情况下，纵联差动保护的保护范围应包括变压器套管和引出线，如不能包括引出线时，应采取快速切除故障的辅助措施。在设备检修等特殊情况下，允许差动保护短时利用变压器套管电流互感器，此时套管和引线故障由后备保护动作切除；如电网安全稳定运行有要求时，应将纵联差动保护切至旁路断路器的电流互感器。

35～66kV 及以下中小容量的降压变压器，宜采用过电流保护。保护的整定值要考虑变压器可能出现的过负荷。

110～500kV 降压变压器、升压变压器和系统联络变压器，相间短路后备保护用过电流保护不能满足灵敏性要求时，宜采用复合电压启动的过电流保护或复合电流保护。

对自耦变压器和高、中压侧均直接接地的三绕组变压器，为满足选择性要求，可增设零序方向元件方向宜指向各侧母线。

普通变压器的零序过电流保护，宜接到变压器中性点引出线回路的电流互感器；零序方向过电流保护宜接到高、中压侧三相电流互感器的零序回路；自耦变压器的零序过电流保护应接到高、中压侧三相电流互感器的零序回路。

6.2.3　35～66kV 线路保护

35～66kV 中性点非有效接地电力网的线路，对相间短路和单相接地，应按本条的规定装设相应的保护。对相间短路，保护装置采用远后备方式，下列情况应快速切除故障：

（1）如线路短路，使发电厂厂用母线电压低于额定电压的 60%时；

（2）如切除线路故障时间长可能导致线路失去热稳定时；

（3）城市配电网络的直馈线路，为保证供电质量需要时；

（4）与高压电网邻近的线路，如切除故障时间长，可能导致高压电网产生稳定问题时。

对相间短路，应按下列规定装设保护装置：

（1）单侧电源线路：可装设一段或两段式电流速断保护和过电流保护，必要时可增设复合电压闭锁元件。由几段线路串联的单侧电源线路及分支线路，如上述保护不能满足选择性、灵敏性和速动性的要求时，速断保护可无选择地动作，但应以自动重合闸来补救。此时，速断保护应躲开降压变压器低压母线的短路。

（2）复杂网络的单回线路：

1）可装设一段或两段式电流速断保护和过电流保护，必要时，保护可增设复合电压闭锁元件和方向元件。如不满足选择性、灵敏性和速动性的要求或保护构成过于复杂时，宜采用距离保护；

2）电缆及架空短线路，如采用电流电压保护不能满足选择性、灵敏性和速动性要求时，宜采用光纤电流差动保护作为主保护，以带方向或不带方向的电流电压保护作为后备保护；

3）环形网络宜开环运行，并辅以重合闸和备用电源自动投入装置来增加供电可靠性。如必须环网运行，为了简化保护，可采用故障时先将网络自动解列而后恢复的方法。

（3）平行线路：平行线路宜分列运行，如必须并列运行时，可根据其电压等级，重要程度和具体情况按下列方式之一装设保护，整定有困难时，允许双回线延时段保护之间的整定配合无选择性：

1）装设全线速动保护作为主保护，以阶段式距离保护作为后备保护；

2）装设有相继动作功能的阶段式距离保护作为主保护和后备保护。

6.2.4　110～220kV 线路保护

110～220kV 中性点直接接地电力网的线路，应按本条的规定装设反应相间短路和接地短路的保护。

6.2.4.1　110kV 线路保护

110kV 双侧电源线路符合下列条件之一时，应装设一套全线速动保护：

（1）根据系统稳定要求有必要时；

（2）线路发生三相短路，如使发电厂厂用母线电压低于允许值，且其他保护不能无时限和有选择地切除短路时；

（3）如电力网的某些线路采用全线速动保护后，不仅改善本线路保护性能，而且能够改善整个电网保护的性能。

对多级串联或采用电缆的单侧电源线路，为满足快速性和选择性的要求，可装设全线速动保护作为主保护。110kV 线路的后备保护宜采用远后备方式。

单侧电源线路，可装设阶段式相电流和零序电流保护，作为相间和接地故障的保护，如不能满足要求，则装设阶段式相间和接地距离保护，并辅之用于切除经电阻接地故障的一段零序电流保护。

双侧电源线路，可装设阶段式相间和接地距离保护，并辅之用于切除经电阻接地故障的一段零序电流保护。

6.2.4.2　220kV 线路保护

220kV 线路保护应按加强主保护简化后备保护的基本原则配置和整定：

（1）加强主保护是指全线速动保护的双重化配置，同时，要求每一套全线速动保护的功能完整，对全线路内发生的各种类型故障，均能快速动作切除故障。对于要求实现单相重合闸的线路，每套全线速动保护应具有选相功能。当线路在正常运行中发生小电阻的单相接地故障时，全线速动保护应有尽可能强的选相能力，并能正确动作跳闸。

（2）简化后备保护是指主保护双重化配置，同时，在每一套全线速动保护的功能完整的条件下，带延时的相间和接地Ⅱ、Ⅲ段保护（包括相间和接地距离保护、零序电流保护），允许与相邻线路和变压器的主保护配合，从而简化动作时间的配合整定。如双重化配置的主保护均有完善的距离后备保护，则可以不使用零序电流Ⅰ、Ⅱ段保护，仅保留用于切除经不大于 100Ω电阻接地故障的一段定时限和/或反时限零序电流保护。

（3）线路主保护和后备保护的功能及作用。对 220kV 线路，为了有选择性的快速切除故障，防止电网事故扩大，保证电网安全、优质、经济运行，一般情况下，应按下列要求装设两套全线速动保护，在旁路断路器代线路运行时，至少应保留一套全线速动保护运行：

1）两套全线速动保护的交流电流、电压回路和直流电源彼此独立。对双母线接线，两套保护可合用交流电压回路。

2）每一套全线速动保护对全线路内发生的各种类型故障，均能快速动作切除故障。

3）对要求实现单相重合闸的线路，两套全线速动保护应具有选相功能。

4）两套主保护应分别动作于断路器的一组跳闸线圈。

5）两套全线速动保护分别使用独立的远方信号传输设备。

6）具有全线速动保护的线路，其主保护的整组动作时间应为：对近端故障≤20ms；对远端故障≤30ms（不包括通道时间）。

220kV 线路的后备保护宜采用近后备方式。但某些线路，如能实现远后备，则宜采用远后备，或同时采用远、近结合的后备方式。

6.2.5　母线保护

（1）对母线，应装设快速有选择地切除故障的母线保护：

1）对 3/2 断路器接线，每组母线应装设两套母线保护；

2）对双母线、双母线分段等接线，为防止母线保护因检修退出失去保护，母线发生故障会危及系统稳定和使事故扩大时，宜装设两套母线保护。

（2）对发电厂和变电所的 35～110kV 电压的母线，在下列情况下应装设专用的母线保护：

1）110kV 双母线；

2）110kV 单母线、重要发电厂或 110kV 以上重要变电站的 35～66kV 母线，需要快速切除母线上的故障时；

3）35～66kV电力网中，主要变电站的35～66kV双母线或分段单母线需快速而有选择地切除一段或一组母线上的故障，以保证系统安全稳定运行和可靠供电。

（3）对发电厂和主要变电站的3～10kV分段母线及并列运行的双母线，一般可由发电机和变压器的后备保护实现对母线的保护。在下列情况下，应装设专用母线保护：

1）须快速而有选择地切除一段或一组母线上的故障，以保证发电厂及电力网安全运行和重要负荷的可靠供电时；

2）当线路断路器不允许切除线路电抗器前的短路时。

（4）在旁路断路器和兼作旁路的母联断路器或分段断路器上，应装设可代替线路保护的保护装置。在旁路断路器代替线路断路器期间，如必须保持线路纵联保护运行，可将该线路的一套纵联保护切换到旁路断路器上，或者采取其他措施，使旁路断路器仍有纵联保护在运行。

（5）在母联或分段断路器上，宜配置相电流或零序电流保护，保护应具备可瞬时和延时跳闸的回路，作为母线充电保护，并兼作新线路投运时（母联或分段断路器与线路断路器串接）的辅助保护。

（6）对各类双断路器接线方式，当双断路器所连接的线路或元件退出运行而双断路器之间仍连接运行时，应装设短引线保护以保护双断路器之间的连接线故障。按照近后备方式，短引线保护应为互相独立的双重化配置。

6.2.6　安全自动装置

电力系统安全自动装置，是指在电力网中发生故障或出现异常运行时，为确保电网安全与稳定运行，起控制作用的自动装置。如自动重合闸、备用电源或备用设备自动投入、自动切负荷、低频和低压自动减载、电厂事故减出力、切机、电气制动、水轮发电机自启动和调相改发电、抽水蓄能机组由抽水改发电、自动解列、失步解列及自动调节励磁等。

安全自动装置应满足可靠性、选择性、灵敏性和速动性的要求。

（1）可靠性是指装置该动作时应动作，不该动作时不动作。为保证可靠性，装置应简单可靠，具备必要的检测和监视措施，便于运行维护；

（2）选择性是指安全自动装置应根据事故的特点，按预期的要求实现其控制作用；

（3）灵敏性是指安全自动装置的启动和判别元件，在故障和异常运行时能可靠启动和进行正确判断的功能；

（4）速动性是指维持系统稳定的自动装置要尽快动作，限制事故影响，应在保证选择性前提下尽快动作的性能。

下面介绍几种浙江地区电网常见的安全自动装置。

6.2.6.1　自动重合闸装置

（1）自动重合闸装置应按下列规定装设：

1）3kV及以上的架空线路及电缆与架空混合线路，在具有断路器的条件下，如用电设备允许且无备用电源自动投入时，应装设自动重合闸装置；

2）旁路断路器与兼作旁路的母线联络断路器，应装设自动重合闸装置；

3）必要时母线故障可采用母线自动重合闸装置。

（2）自动重合闸装置应符合下列基本要求：

1）自动重合闸装置可由保护启动和/或断路器控制状态与位置不对应启动。

2）用控制开关或通过遥控装置将断路器断开，或将断路器投于故障线路上并随即由保护将其断开时，自动重合闸装置均不应动作。

3）在任何情况下（包括装置本身的元件损坏，以及重合闸输出触点的粘住），自动重合闸装置的动作次数应符合预先的规定（如一次重合闸只应动作一次）。

4）自动重合闸装置动作后，应能经整定的时间后自动复归。

5）自动重合闸装置，应能在重合闸后加速继电保护的动作。必要时，可在重合闸前加速继电保护动作。

6）自动重合闸装置应具有接收外来闭锁信号的功能。

（3）自动重合闸装置的动作时限应符合下列要求。

1）对单侧电源线路上的三相重合闸装置，其时限应大于下列时间：

①故障点灭弧时间（计及负荷侧电动机反馈对灭弧时间的影响）及周围介质去游离时间；

②断路器及操动机构准备好再次动作的时间。

2）对双侧电源线路上的三相重合闸装置及单相重合闸装置，其动作时限除应考虑要求外，还应考虑：

①线路两侧继电保护以不同时限切除故障的可能性；

②故障点潜供电流对灭弧时间的影响。

3）电力系统稳定的要求。

（4）110kV 及以下单侧电源线路的自动重合闸装置，按下列规定装设：

1）采用三相一次重合闸方式。

2）当断路器断流容量允许时，下列线路可采用两次重合闸方式：

①无经常值班人员变电站引出的无遥控的单回线；

②给重要负荷供电，且无备用电源的单回线。

3）由几段串联线路构成的电力网，为了补救速动保护无选择性动作，可采用带前加速的重合闸或顺序重合闸方式。

（5）110kV 及以下双侧电源线路的自动重合闸装置，按下列规定装设：

1）并列运行的发电厂或电力系统之间，具有四条以上联系的线路或三条紧密联系的线路，可采用不检查同步的三相自动重合闸方式。

2）并列运行的发电厂或电力系统之间，具有两条联系的线路或三条联系不紧密的线路，可采用同步检定和无电压检定的三相重合闸方式。

3）双侧电源的单回线路，可采用下列重合闸方式：

①解列重合闸方式，即将一侧电源解列，另一侧装设线路无电压检定的重合闸方式；

②当水电厂条件许可时，可采用自同步重合闸方式；

③为避免非同步重合及两侧电源均重合于故障线路上，可采用一侧无电压检定，另一侧采用同步检定的重合闸方式。

6.2.6.2　备用电源自动投入装置

在下列情况下，应装设备用电源自动投入装置（以下简称备自投装置）：

（1）具有备用电源的发电厂厂用电源和变电站站用电源；

（2）由双电源供电，其中一个电源经常断开作为备用的电源；

（3）降压变电站内有备用变压器或有互为备用的电源；

（4）有备用机组的某些重要辅机。

备自投装置的功能设计应符合下列要求：

（1）除发电厂备用电源快速切换外，应保证在工作电源或设备断开后才投入备自投装置；

（2）工作电源或设备上的电压，不论何种原因消失，除有闭锁信号外，备自投装置均应动作；

（3）备自投装置应保证只动作一次。

应校核备用电源或备用设备自动投入时过负荷及电动机自启动的情况，如过负荷超过允许限度或不能保证自启动时，应有自动投入装置动作时自动减负荷的措施。当自动投入装置动作时，如备用电源或设备投于故障，应有保护加速跳闸。

6.2.6.3　故障解列装置

在大电源系统侧主送电源线路发生瞬时性故障情况下，由于接入变电站中、低压侧的小电源作用于变电站高压母线，使得大系统侧检无压重合闸条件无法满足，不能可靠重合。为防止这种情况，必须采用故障解列装置。

为了满足各种故障类型情况下都能可靠动作切除小电源，故障解列装置应具有低电压动作、零序过电压动作功能，要求线电压低于低压整定值，或者外加零序电压高于零序过压整定值，并且自产零序电压高于额定值时，开放解列功能。

6.2.6.4　过载联切负荷装置

为了防止主变压器由于过负荷而跳闸，影响区域供电。所以事先将用电负荷根据其重要性分类，当主变压器发生过负荷时，会自动或者手动切除最不重要的一批负荷，以保证主变压器能够正常运行，如果主变压器还是过负荷，就再切除次重要的负荷，直至主变压器正常运行，以确保重要负荷的供电。

过载连切负荷装置主要性能要求：

（1）在主变压器故障跳开后实现备用电源的自投功能。

（2）在充分保证变压器安全运行的前提下，为了将负荷损失控制到最小的范围，将每个主变压器单元过负荷联切的动作分为级，驱动不同的出口继电器。保证切除的负荷量最少。

（3）具备软件和硬件 GPS 脉冲对时功能。

6.2.6.5　低频减载装置

电力系统由于事故或其他原因，出现严重的无功功率缺额和有功功率缺额。对无功功率缺额导致电压下降，强励投入，使电压恢复。对有功功率缺额，当其缺额量超出正常热备用的可调节能力时，系统频率将按其动态特性规律迅速下降，为保证重要用户供电质量，使频率恢复到允许值范围内的有效措施，是采用按频率自动减负荷装置，迅速减负荷。

低频减载装置的基本要求：

（1）能在各种运行方式且功率缺额的情况下，有计划地切除负荷，有效地防止系统频率下降至危险点以下；

（2）切除的负荷应尽可能少，应防止超调和悬停现象；

（3）变电站的馈电线路使故障变压器跳闸造成失压时，自动按频率减负荷装置应可靠动作，不应误动；

（4）电力系统发生低频振荡时，不应误动；

（5）电力系统受谐波干扰时，不应误动。

第7章 电网调度监控自动化系统

随着“大运行”的深入推进展开，D5000系统将作为国家电网公司在新阶段推广开展的在地区电网进一步推行的系统，也将是各地区局下一个阶段的工作重点。而除了D5000以外，在浙江省范围内，还有着OPEN3000系统，它可以说是目前浙江省大部分地市都使用的系统（除了杭州和绍兴），因此普及率比较高。而除了上述这两个系统外，省内还有包括DF8003/DF8002系统是杭州和绍兴地区使用。下面，本章将就这几个常用的自动化系统进行简要分析。

7.1 调度自动化系统简介

电力系统调度自动化系统，是指利用计算机、远动、通信等技术实现电力系统调度自动化功能的综合系统。主要功能包括电力系统的数据采集与监控系统（SCADA系统）；电力系统的经济运行与合理调度、电力系统的市场化运营与可靠运行、发电厂运营决策支持，以及变电站的综合自动化。能够帮助调度员实时了解电力系统的运行工况，是保证电网安全、优质、经济运行的重要技术手段。

调度自动化系统一般又分为厂站端和主站端。主站端主要安装于调度侧，由计算机系统、UPS电源、电池、空调等组成；而在厂站端，可以位于各发电厂侧或者是各变电站的节点处，安装于变电站的又称为变电站综合自动化系统。

在硬件方面主站端系统硬件设备由前置机、后台主机、各功能工作站组成。其中前置机系统又由调制解调器、终端服务器和低档小型机或工业计算机组成，前置机负责收集厂站的远方终端（RTU）或综自系统通过通道发来的数据信息，并做出简单加工处理后送给主机系统，对事故信号优先处理，开关信号次之。后台主机，一般由两台主机互为备份。调度主站系统，还有一些根据实际需要添加的功能，如事故追忆及事故重演，即将SCADA系统数据流，按堆栈的方式保存。当事故出现时可按选定的时间进行事故重演，还有断面数据保存，按照自动或手动的方式，将全网的断面数据保存，可形成报表或画面。而在厂站端，将各个站点的信息进行采集并且将其发送，通过信息传输通道，传送到主站的自动化信息系统。在其对信息完成接收和处理之后，进行人机联系，完成调度员命令的下发，再次通过传输通道完成在厂站端的命令执行。调度自动化系统见图7-1。

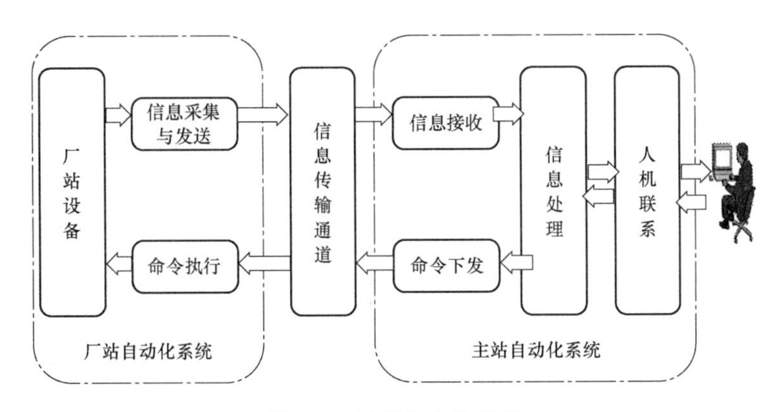

图 7-1　调度自动化系统

7.2　自动化 D5000 系统

D5000 基础平台运行的操作系统，是符合安全等级防护要求的安全操作系统，其核心是 Linux 操作系统，在满足运行这操作系统的要求外，平台还能运行在目前主流的 Unix 和 Linux 操作系统上，并实现混合运行。平台管理功能包括节点及应用管理、进程管理、网络管理、资源监视、时钟管理、日志管理、定时任务管理、CASE 管理、备份/恢复管理、主备调系统同步管理等，并提供各类维护工具以维护系统的完整性和可用性，提高系统运行效率。公共服务也是平台的基础功能，为应用集成提供一组通用的基本服务，公共服务包括告警服务、文件服务、报表服务等。

总控台启动有两种方式：系统自动启动和前台启动。其中适用于调度员工作站的方式为系统自动启动方式。

系统总控台在应用服务器和工作站上均可启动，但是同一台服务器或工作站上不能同时启动两个总控台。如果总控台已经启动，再启动时，将会在终端提示，如图 7-2 所示。

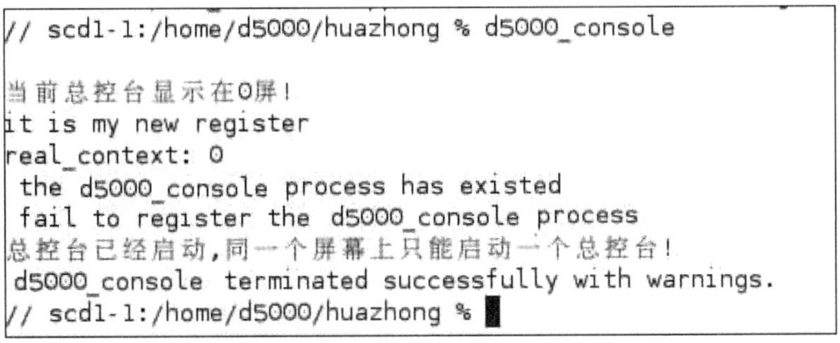

```
// scd1-1:/home/d5000/huazhong % d5000_console

当前总控台显示在0屏!
it is my new register
real_context: 0
 the d5000_console process has existed
 fail to register the d5000_console process
总控台已经启动,同一个屏幕上只能启动一个总控台!
 d5000_console terminated successfully with warnings.
// scd1-1:/home/d5000/huazhong %
```

图 7-2　系统终端

7.2.1　基本介绍

总控台大体可以分为包括 D5000 系统图标显示、时间显示区、系统重要遥测量显示区、系统频率显示区、系统功能操作区以及总控台用户在内的 6 个区域，由左至右分别介绍如下：D5000 系统图标显示每一个系统均有自己的系统图标，如图 7-3 和图 7-4 所示。

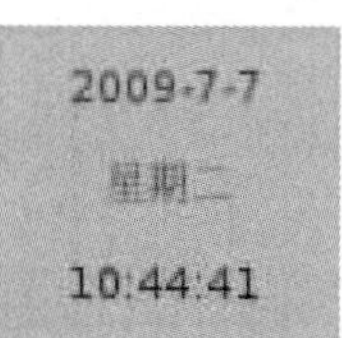

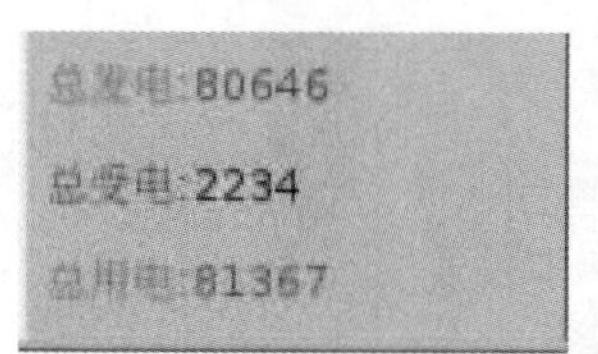

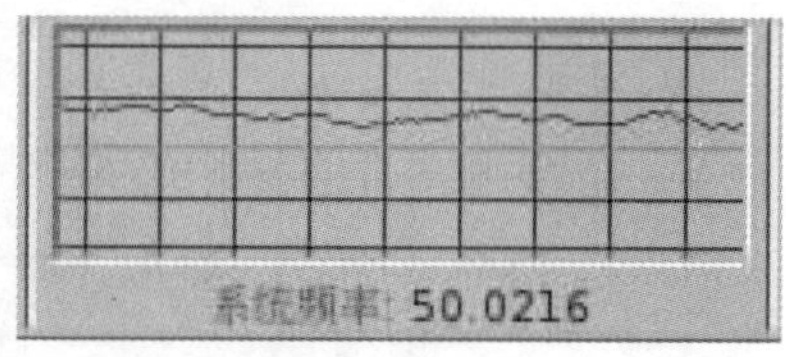

图 7-3　系统图标、时间显示区、重要遥测量显示区、系统频率操作区

图 7-4　系统功能操作区、用户登录区

7.2.2　主要操作介绍

7.2.2.1　基本操作

用户登录通过总控台进入 D5000 系统的第一步，点击总控台用户登录区上的按钮，屏幕上将弹出对话框，如图 7-5 所示。

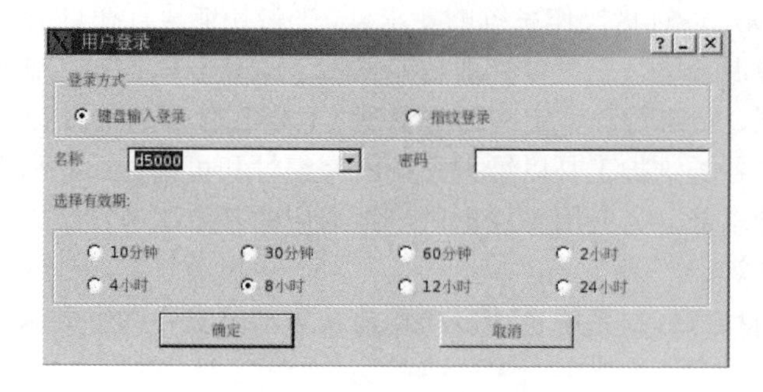

图 7-5　用户登录对话框

输入用户名称及密码，选择登录有效期（调度员操作时间超出有效期时，系统将自动注销），以输入的用户名登录系统。常用的监视画面主要包括主画面、厂站图、潮流图等，如图 7-6～图 7-8 所示。

图 7-6　系统主画面、厂站接线图

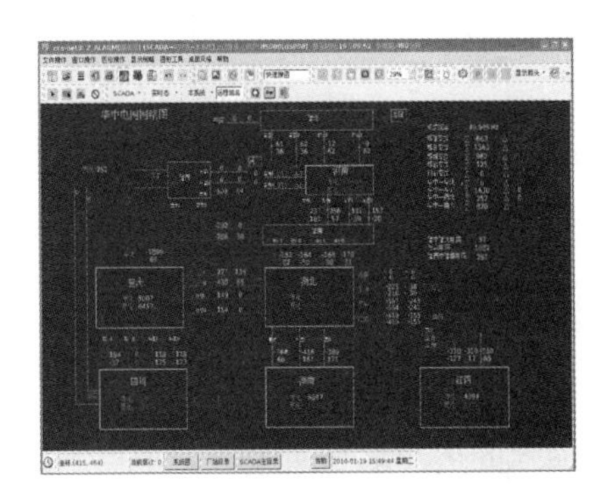

图 7-7　电网潮流图、实时发电量

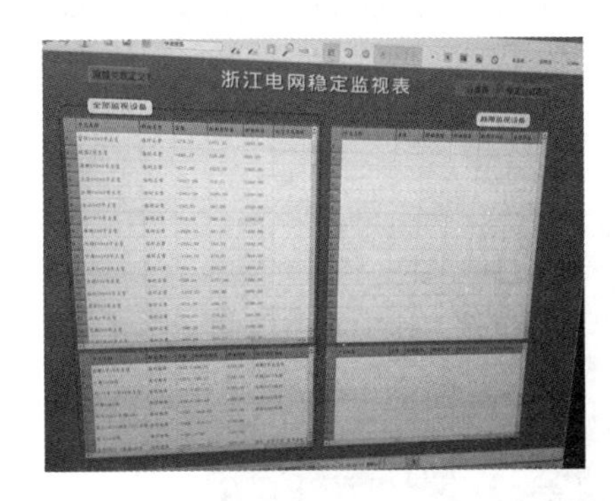

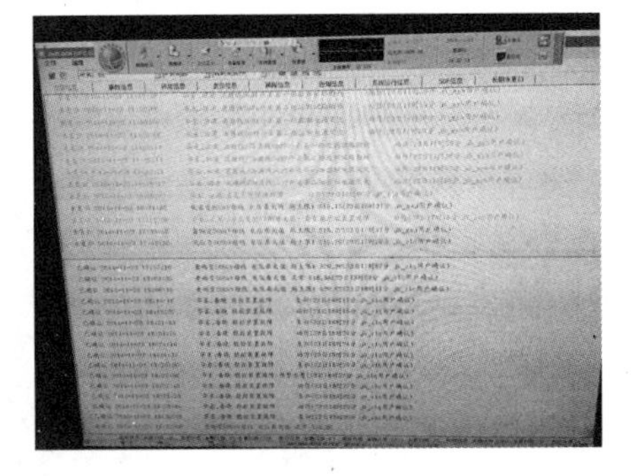

图 7-8　稳定监视表、实时报警窗

7.2.2.2　菜单操作

在厂站接线图或 SCADA 应用的其他图形中，鼠标右键点击空白区域，即弹出 SCADA 应用的右键菜单，如图 7-9 所示。

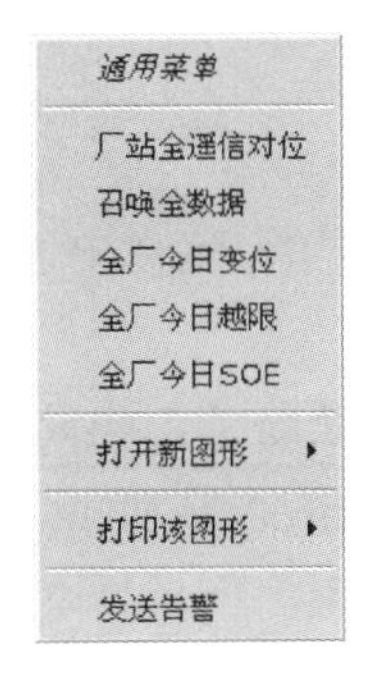

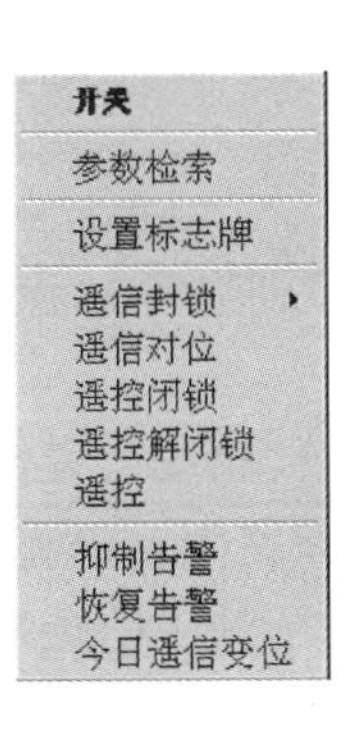

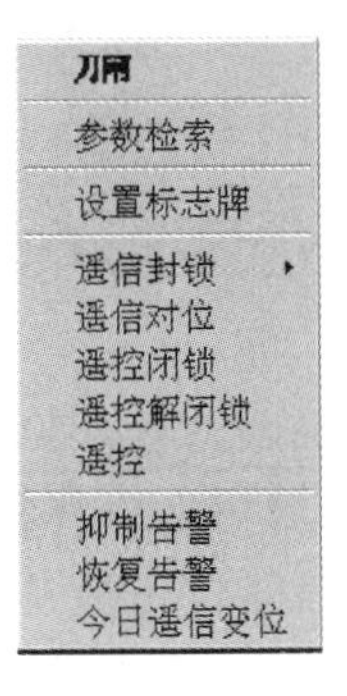

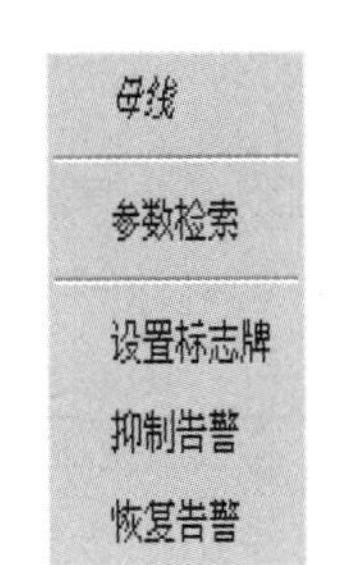

图 7-9　通用菜单及设备菜单

7.3　自动化 OPEN3000 系统

7.3.1　系统启动登录

点击总控台上按钮，屏幕上将弹出对话框，如图 7-10 所示。

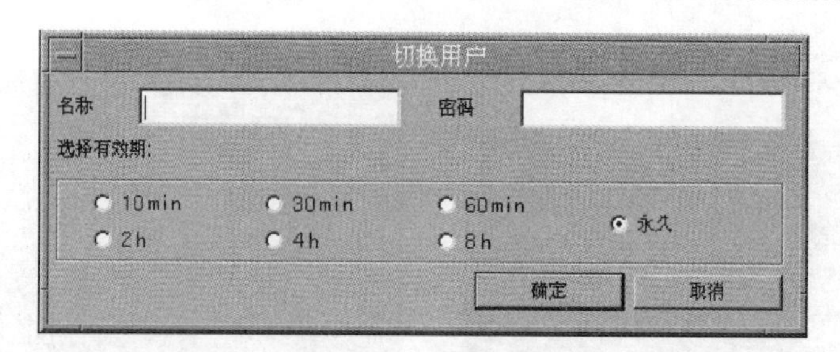

图 7-10　登录对话框

输入用户名称及密码，选择登录有效期，以输入的用户名登录系统。

7.3.2　通用操作

SCADA 子系统的画面通用操作是指在图形浏览器（GExplorer）界面上、SCADA 应用下的右键菜单操作，如图 7-11 所示。

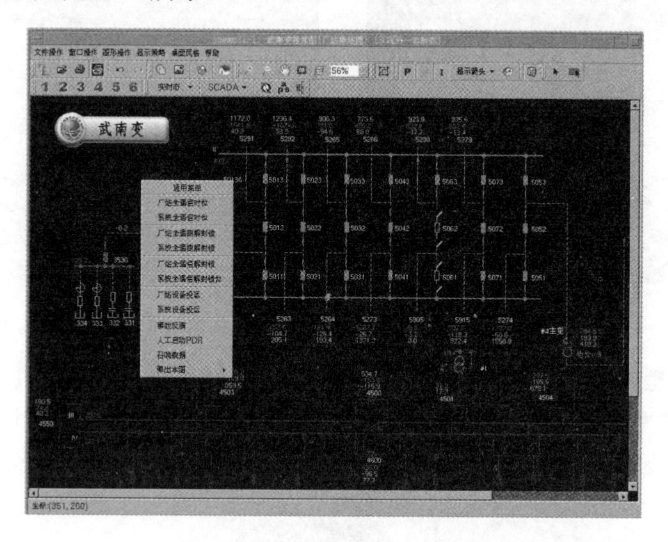

图 7-11　SCADA 通用操作

在 GExplorer 界面工具栏中选择 SCADA 应用，在图形显示区点击右键，将弹出 SCADA 应用的通用菜单。通用菜单包括以下功能。

（1）厂站全遥信对位：断路器、隔离开关变位后，厂站图上变位的断路器、隔离开关将闪烁显示，用以提示变位信息。“遥信对位”操作恢复断路器、隔离开关的正常显示。“厂站全遥信对位”即在当前厂站中进行遥信对位，恢复当前厂站中的正常显示。

（2）系统全遥信对位：“系统全遥信对位”即对系统中的所有厂站进行遥信对位，恢复所有厂站的正常显示。

（3）厂站全遥测解封锁：“遥测解封锁操作”将解除设备或动态数据的遥测封锁，重新接受前置子系统（FES）送来的遥测数据。“厂站全遥测解封锁”即在当前厂站中进行遥测解封锁，当前厂站重新接收 FES 送来的遥测数据。

（4）系统全遥测解封锁：“系统全遥测解封锁”即在系统中的所有厂站中进行遥测解封锁，重新接收 FES 送来的遥测数据。

（5）厂站全遥信解封锁：“遥信解封锁”操作用以解除对断路器、隔离开关的“遥信封锁”设置，使断路器、隔离开关状态重新按照前置子系统（FES）送来的遥信信号显示。“厂站全遥信解封锁”即在当前厂站进行遥信解封锁，使当前厂站中的断路器、隔离开关重新按照 FES 送来的遥信信号显示。

（6）系统全遥信解封锁：“系统全遥信解封锁”即对系统中所有厂站进行遥信解封锁，使厂站中的断路器、隔离开关重新按照 FES 送来的遥信信号显示。

（7）事故反演：选择右键菜单中“事故反演”菜单项，将调用“事故反演”界面。

（8）人工启动 PDR：选择右键菜单中“人工启动 PDR”菜单项，将自动保存当前实时态下的运行方式数据。

（9）召唤数据：选择右键菜单中“召唤数据”菜单项，相当于在命令窗口输入“call_data”命令，向 FES 子系统召唤数据。

（10）打开图形：可以选择打开菜单项中包含的图形界面。

SCADA 子系统的图元操作是指在图形浏览器（GExplorer）界面上、SCADA 应用下的图元右键菜单操作。具体有以下几种图元操作类型：

（1）母线图元；

（2）开关图元；

（3）隔离开关图元；

（4）变压器图元；

（5）发电器图元；

（6）动态数据图元。

具体操作均为选中图元点击右键，弹出相应的图元菜单。对于相应图元的遥控、遥调、挂牌、告警抑制及告警解除均在相应图元菜单中进行选择。与 D5000 系统相类似。

7.4　其他调控自动化系统

除了省调正在使用的 D5000 系统以及大部分地区电网正在使用的 OPEN3000 系统，省内部分电网仍采取使用 DF8002/8003 系统，其中包括杭州地区和绍兴地区。DF8002/DF8900 系列高级应用软件图模一体版（以下简称 PAS 系统），是在 DF8002/DF8900 一体化平台的基础上的一种高级应用，它实现了与 SCADA 系统的无缝连接，与 SCADA 使用共同的设备参数，由绘图建模，减少维护工作在人力、物力方面的占用；可以接收 SCADA 的实时量测进行拓扑、状态估计和调度员潮流计算；可以建立研究态进行各种模拟操作和分析计算，得到使电力系统稳定、安全、经济的运行方式。

DF8002/DF8900 系列的 PAS 系统是基于客户/服务器机制建立，在系统内配置一台 PAS 服务器节点，另外根据用户的需求配置 PAS 客户机的数量；PAS 系统还是基于实时态和研究态两种模式建立，实时态是各客户端公用的数据状态，研究态则是各客户端独立拥有的，可以进行各种模拟操作的数据状态。

7.4.1　PAS 服务器的启动

首先在系统内配置的 PAS 服务器上启动网络监控程序（%RUNHOME%1\bin\nsp.exe），nsp 启动后 PAS 服务器自动在后台装载各种实时库表，这一过程需要运行 1～2min。表装载完毕后，数据服务进程（%RUNHOME%\bin\datsrv.exe）自动启动，表示实时库表装载完毕，接着就可以启动 PAS 服务器程序（%PASHOME%\bin\pasrv.exe），（注意：当数据服务进程还没启动起来时，启动 PAS 服务器进程会出错）。

以上各种进程已经启动且正常运行的标志是：在 WINNT 操作系统的窗口下部的控制台菜单窗口右边，即计算机时钟窗口，可以看到，表示 nsp 运行正常，表示数据服务进程运行正常，表示 PAS 服务器进程运行正常。将鼠标指针停留在图标上 1s，可弹出各进程的名字提示窗口。

7.4.2　PAS 服务器的功能

用鼠标左键双击图标，可弹出 PAS 服务器主窗口，如图 7-12 所示。其各菜单项的主要功能如下（工具条是菜单项的快捷方式，将鼠标在图标上停一会儿就会显示其功能提示）：

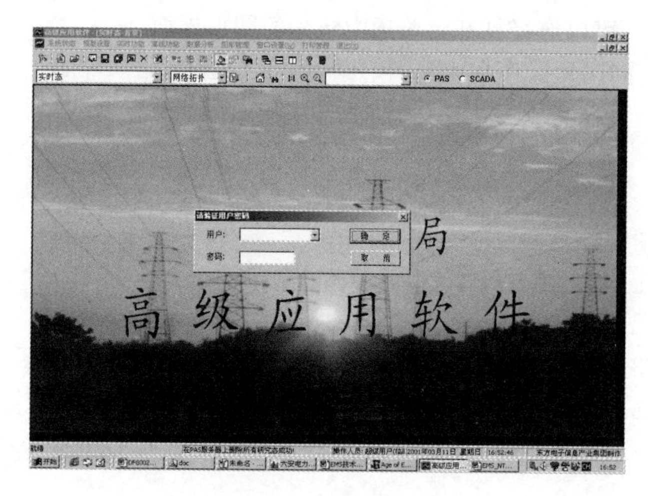

图 7-12　网络分析主窗口

（1）人工启动实时运算：列出的是可手动直接启动的各种实时算法，如网络拓扑、状态估计和明日负荷预报，用鼠标左键点击各项菜单即可启动计算。各种计算结果可被各客户端接受并显示。

（2）实时功能控制：对各种实时算法的守护执行、周期执行进行控制，如实时拓扑计算用标出，表示在 SCADA 有实时遥信变化时，PAS 服务器会自动启动拓扑计算；如状态估计用标出，则表示状态估计在周期启动。周期计算的周期可由“系统设置”菜单控制。

（3）实时刷新控制：可以分类或整体对从 SCADA 传输来的实时遥测、遥信进行屏蔽或刷新。可从 SCADA 即时刷新当前时刻的遥测或遥信。

（4）系统设置：可以查阅当前登录在 PAS 服务器上的用户及其申请的研究态的情况；可以设置刷新量测的周期，设置实时状态估计计算的计算周期，设置负荷预报自动执行计算的时间，设置修改后按“确定”按钮即可存入系统。

（5）系统测试：此项供调试人员测试时用，可不用管理。

（6）帮助：查询程序的版本信息。

网络分析界面工具栏介绍如图 7-13 所示。

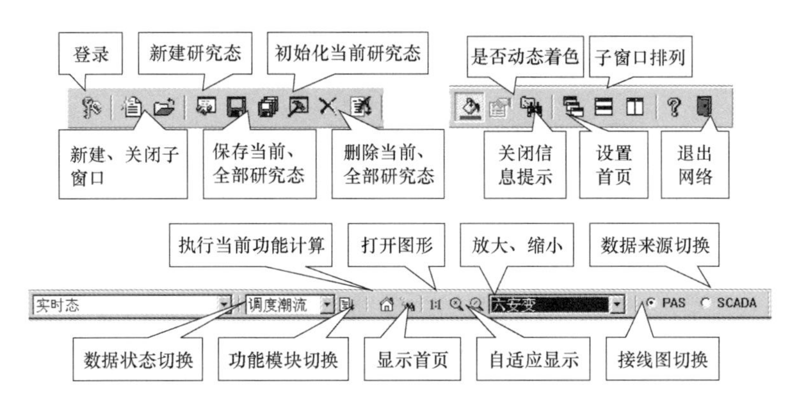

图 7-13　网络分析界面工具栏介绍

7.4.3　启动调度员界面程序

在终端的提示符下键入命令：qtmmi。或者通过控制台界面（monitorpane）（见图 7-14）点击“调度员界面”进入。

图 7-14　控制台界面

系统进入调度员界面后，显示系统的主窗口，它包括标题、菜单栏、工具栏、画面、信息栏五个部分，系统界面布局如图 7-15 所示。通过按空格键可以进行 SCADA 应用窗口中菜单栏和工具栏的切换。

图 7-15　系统界面布局

7.4.4　工具栏

工具栏上的每个按钮对应一种操作（见图 7-16），当调度员需要进行图形操作时，用鼠标的左键单击图形工具条上的按钮，就可以进入相应的图形操作。

图 7-16 基本图形操作工具栏

图 7-16 是基本图形操作工具栏，其按钮从左至右依次为：

打开文件、打印、拷屏、遥信停闪、放大、缩小、全屏显示、放大镜、导游图、图层显示、刷新、前一页、后一页、回到主页。

SCADA 应用工具栏按钮依次为数据源、显示设备参数、切换通道、音响测试、操作面板、快照、快照恢复、事故反演、所有事项浏览、实时报警浏览、实时数据浏览，如图 7-17 所示。

实时态

图 7-17 SCADA 应用工具栏

其中，实时报警浏览会根据当前打开的图形进行过滤，如果当前打开的图形是某个厂站的接线图则点击此按钮会调出当前厂站的实时报警信息，否则调出全部厂站的报警信息。

7.4.5 遥控

调度员可以通过遥控操作对断路器、隔离开关等设备进行分/合，对重合闸、备自投等设备进行投/退。

遥控操作执行时，有严格的操作步骤，一旦有条件不满足，就不能继续进行。遥控的操作步骤主要有：选择对象、双机监督、遥控预置、遥控执行、遥控撤消。

7.4.6 遥调

此处的遥调指的是变压器挡位升降操作。调度员通过该操作能够调节变压器抽头的位置。

与遥控操作类似，遥调操作执行时，也有严格的操作步骤，一旦有条件不满足，就不能继续进行。遥调的操作步骤主要有：

（1）选择对象；

（2）指定操作；

（3）遥调预置；

（4）遥调执行；

（5）遥调撤销。

第二部分 调度控制工作规范

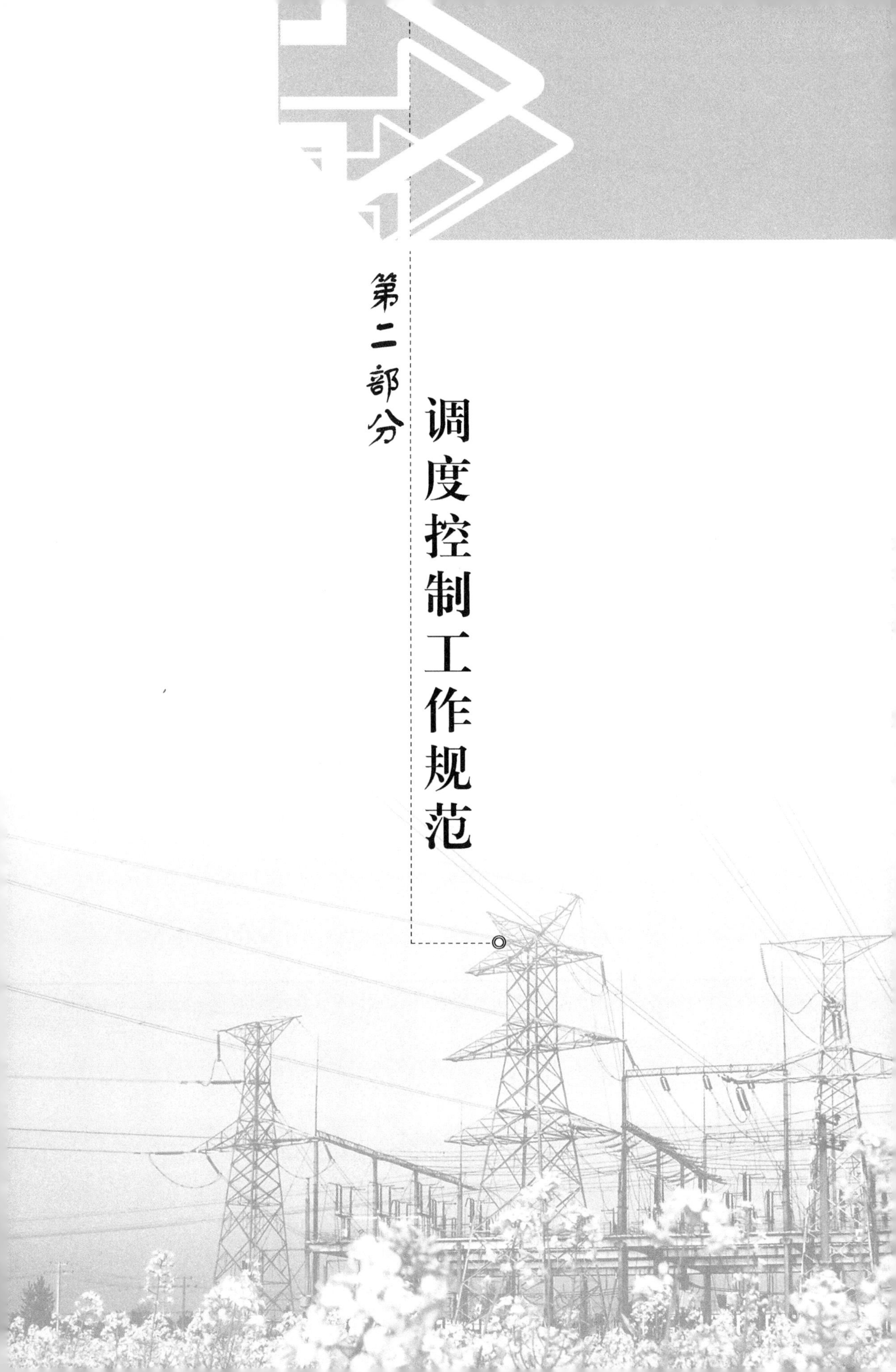

第8章 日常工作基本要求

8.1 值班配置和要求

（1）地区电力调度控制中心下设地区调度班和地区监控班，均采用值长负责制，值内人员各司其职，分工协作，共同完成当值电网调度、运行、监控业务。

（2）地区调度班和地区监控班均实行五班三运转模式，并确保调度（监控）力量满足电网调度（监控）需求。

（3）每值至少保证一名调度值长和一名监控值长，其余调度员及监控员各一名，严禁在无调度值长或监控值长的情况下交接班。

（4）值班调度员与值班监控员值班电话号码应分设，并具备录音功能。

（5）值班人员应按批准的倒班方式值班，不得擅自变更值班方式和交接班时间；如需换、替班，应经相应的班组负责人批准。

8.2 调控员岗位职责

地区调度员在其值班期间是电网运行、操作和事故处理的指挥人；地区监控员在其值班期间是变电设备运行集中监控以及输变电设备状态在线监测的责任人。地区调度（监控）员必须由具有较高专业技术素质、工作能力、心理素质和职业道德的人员担任。地区调度（监控）在岗位设置上分为调度（监控）值长、主值调度（监控）员、副职调度（监控）员、以及实习调度（监控）员。

8.2.1 调度值长主要工作

（1）值长是当值期间调度范围内运行、操作和事故处理的指挥人；

（2）值长是本值安全生产的第一责任人，全面负责当值的各项工作，对本值所有工作承担安全监督管理职责，对值内事务有最终决定权；

（3）领导全值严格执行电力安全、调度等各种规章制度、流程，确保电网安全、经济、优质运行；

（4）监督执行日调度计划，保证电能质量符合标准，最大限度地保证功率因数、预测曲线的合格率及准确率；

（5）掌握调控范围内变电站运行方式、设备状态及日调度计划进度，领导全值做好当值的调度工作；

（6）领导全值做好与上下级调度、职能部门、电厂等相关单位的业务联系；

（7）组织值内人员正确填写操作票、运行记录、报表等各项资料并审查；

（8）领导全值审查调度操作票、事故预想、检修、投产技改方案等工作的正确性；

（9）做好值内业务分工，按规定组织好交接班工作，对当值期间工作的要点、危险点提前进行梳理布置；

（10）组织完成本值的安全活动与培训工作；

（11）组织指挥全值做好电网突发状况的处理，合理安排人员分工，严格执行制度、流程，审查事故及异常处理方案，做好相关记录；

（12）负责批复权限范围内的申请批复；

（13）负责向公司相关领导汇报电网运行情况；

（14）组织全值学习上级文件精神。

8.2.2 主值调度员主要工作

（1）主值调度员是本值调度业务的责任人，在值长的领导下，负责地区电网调度、异常及事故处理；

（2）在调控值长的领导下，保证调度员严格执行电力安全、调度等各种规章制度、流程，确保电网安全、经济、优质运行；

（3）监督并执行日调度计划，保证电能质量符合标准，最大限度地保证功率因数、预测曲线的合格率及准确率；

（4）及时正确执行日调度计划及用电指标的各项任务；

（5）负责接受监控员上报的电网异常、事故分析结果，并制订电网突发状况的处理方案，交由值长审核，在值长的许可下，进行电网异常、事故的处理；

（6）负责与上下级调度、职能部门、电厂等相关单位的业务联系、申请批复；

（7）负责审查调度操作票、事故预想、检修、投产技改方案、报表等正确性；

（8）领导调度员按规定完成操作票、运行记录的填写及审查，正确执行日常遥控操作任务，操作命令的发布，工作许可、汇报等业务；

（9）保证调度业务范围内的监控画面、保护状态、整定单与现场一致；

（10）协助值长做好交接班工作，并做好交接班工作的补充；

（11）做好对副值调度员的指导及监护工作，并负责对值内调度业务的培训，提高值内的调度业务水平；

（12）值长不在时，代行调度值长职责。

8.2.3 副值调度员主要工作

（1）在调控值长的监护下执行日调度计划，保证电能质量符合标准，最大限度地保证功率因数、预测曲线的合格率及准确率；

（2）协助主值调度员完成日调度计划及用电指标的各项任务；

（3）协助主值调度员与上下级调度、职能部门、电厂等相关单位的业务联系、申请批复；

（4）在主值调度员的监护下进行操作正、预令发布，工作许可、汇报等业务；

（5）在主值调度员或者值长的监护下，正确执行日常遥控操作任务；

（6）认真做好运行日志、操作票的填写及审查；

（7）协助主值调度员做好事故处理、事故记录、填写事故报告；

（8）负责做好值内反事故预想、报表等相关任务；

（9）保证调度业务范围内的监控画面、保护状态、整定单与现场一致；

（10）必要时，在值长的指派下完成电网的监控任务。

8.2.4 监控值长主要工作

（1）值长是当值期间负责地域内220kV、110kV和城区范围35kV输变电设备运行集中监控和输变电设备状态，在线监测告警信息的集中监视，是监控范围内行使监控职能的管理者；

（2）值长是本值安全生产的第一责任人，全面负责当值的各项工作，对本值所有工作承担安全监督管理职责，对值内事务有最终决定权；

（3）领导全值严格执行电力安全、监控等各种规章制度、流程，确保电网安全、经济、优质运行；

（4）领导全值做好与相应调度、上下级监控、职能部门等相关单位的业务联系；

（5）组织值内人员正确填写遥控操作票、运行记录、报表等各项资料并审查；

（6）领导全值审查遥控操作票、事故预想、检修、投产技改方案等工作的正确性；

（7）负责在电网出现特殊状态或变电站因故失去远方监控功能无法立即恢复时，向现场运维人员移交监控职责；

（8）做好值内业务分工，按规定组织好交接班工作，对当值期间工作的要点、危险点提前进行梳理布置；

（9）在特殊时期，如特殊运行方式、负荷高峰期间，领导本值人员做好事故预想，加强设备的监视；

（10）组织完成本值的安全活动与培训工作；

（11）组织指挥全值做好电网突发状况的处理，合理安排人员分工，严格执行制度、流程，审查事故及异常处理方案，做好相关记录；

（12）做好值内遥控操作的监护工作；

（13）负责向公司相关领导汇报设备运行情况；

（14）组织全值学习上级文件精神。

8.2.5 主值监控员的岗位职责和工作

（1）主值监控员是监控范围内变电设备运行集中监控以及输变电设备状态在线监测的责任人，在值长的领导下，负责地域内220、110kV和城区范围35kV输变电设备运行集中监控和输变电设备状态在线监测告警信息的集中监视。

（2）在值长的领导下，监督本值人员严格执行电力安全、监控等各种规章制度、流程，确保电网安全、经济、优质运行。

（3）在发现异常信息后通知变电运维人员进行现场事故及异常检查处理；属于调度管辖的设备按调度指令进行事故及异常处理。

（4）按规定接受、执行各级调度指令，正确完成监控范围内设备的遥控、遥调等操作。

（5）负责监控范围内变电站无功电压的运行监视和调整，确保电压、功率因数在合格范围内。

（6）协助值长在电网设备发生异常及故障情况时向相关调度提供准确、简要的汇报，并通知现场变电运维人员检查，并做好记录，根据设备异常及故障情况做好运行分析报告。

（7）协助值长在电网出现特殊状态或变电站因故失去远方监控功能无法立即恢复时，立即通知现场运维人员并向其移交监控职责。

（8）协助值长完成管辖范围内无人值班变电站新建、扩建、技改、检修后的四遥验收。

（9）监护副值监控员正确执行监控范围内设备的遥控、遥调等操作。

（10）在特殊时期，如特殊运行方式、负荷高峰期间，协助值长做好事故预想，加强设备的监视。

（11）协助值长做好交接班工作，并做好交接班工作的补充。

（12）值长不在时，代行监控值长职责。

8.2.6　副值监控员的岗位职责和工作

（1）在主值监控员的监护下，负责地调调控范围内电网设备运行集中监视和输变电设备状态在线监测告警信息的集中监视；

（2）严格执行电力安全、监控等各种规章制度、流程，确保电网安全、经济、优质运行；

（3）负责在发现异常信息后通知变电运维人员进行现场事故及异常检查处理，协助值长、主值监控员进行事故及异常处理；

（4）在主值监控员监护下，正确执行监控范围内设备的遥控、遥调等操作；

（5）负责监控范围内变电站无功电压的运行监视和调整，确保电压、功率因数在合格范围内；

（6）协助主值监控员在电网设备发生异常及故障情况时做好监视、分析、判断及相关记录，根据设备异常及故障情况做好运行分析报告；

（7）在主值监控员监护下，负责在电网出现特殊状态或变电站因故失去远方监控功能无法立即恢复时，立即通知现场运维人员并向其移交监控职责；

（8）协助值长、主值监控员完成地调管辖范围内无人值班变电站新建、扩建、技改、检修后的四遥验收；

（9）负责监控交接班日志、监控值班日志相关记录的填写，保证其正确性；

（10）在特殊时期，如特殊运行方式、负荷高峰期间，做好设备的监视。

8.2.7　特殊情况

依据国网公司“三集五大”机构设置原则，各公司可根据自身实际情况，将部分班组级机构合并设置，岗位做相应调整。

8.3　运行日志记录

浙江地区调控人员运行日志要求均记录于 OMS 运行日志内，部分地区对于自动化缺陷记录有特殊流程。

8.3.1　OMS 日志记录

OMS 日志记录指国家电网公司调度管理应用业务流程，是电网调控生产和管理的重要技术支撑，调控员应将本值内电网运行情况详细记录在内，要做到无遗漏，对持续性工作要做好终结或移交。

其主界面见图 8-1，主要具备以下功能：

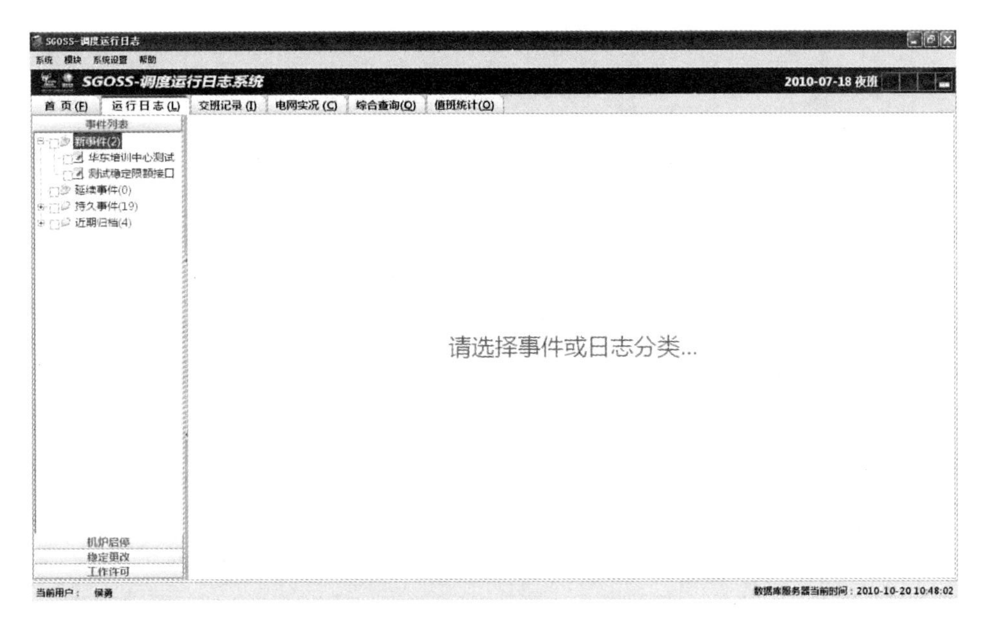

图 8-1　OMS 日志记录

（1）“信息记录”功能：上线流程在签转过程中应保留签名、时标、操作痕迹等信息，并实现 SOP 中规定的工作记录及工作文档模板功能；

（2）“回退”功能：在流转环节应具备“回退”至上一环节的操作功能；

（3）“作废”功能：应明确有权进行“作废”操作的人员权限，“作废”应经相关处室领导审批，为执行、作废流程的统计考核和闭环管理创造条件；

（4）“处理时限预警”功能：能够自动根据流程环节设定的处理时限，提前预警并通过系统提示、短信提示或其他方式通知处理人及时处理流程；

（5）“分类统计分析”功能：能够自动统计流程环节（节点）超时、修改、回退、作废等的使用情况，并可针对异常情况进行异常率排序，为流程优化提供参考；

（6）“评价考核”功能：针对流程处理过程中的超时和不合格情况，能够根据统计分析结果自动进行评分和排序，并生成审计监督评价报告；

（7）“综合查询”功能：能够通过流程的关键信息、业务属性对流程流转情况进行查询；

（8）“流程归档”功能：流程流转完毕后应将业务信息和流转信息一并进行自动归档，归档信息至少保存七年。

OMS 基础数据的录入、校核和更新工作由系统运行专业负责牵头组织。应依据国调中心发布的 OMS 基础数据维护及数据交换等管理规定，建立统一的基础数据建档维护管理流程，固化数据录入维护模板，规范权限控制，实现录入、变更、审核等操作的痕迹管理。

8.3.2　自动化缺陷记录

自动化缺陷指地区电网调度自动化系统缺陷，包括影响正常调度运行控制、监视的主站调度自动化系统和厂站调度自动化系统。

对于地调监控发现的自动化体外循环缺陷记录，由副值监控员填写监控信息缺陷消缺单见图 8-2，主值监控员审核并保证记录的正确性。

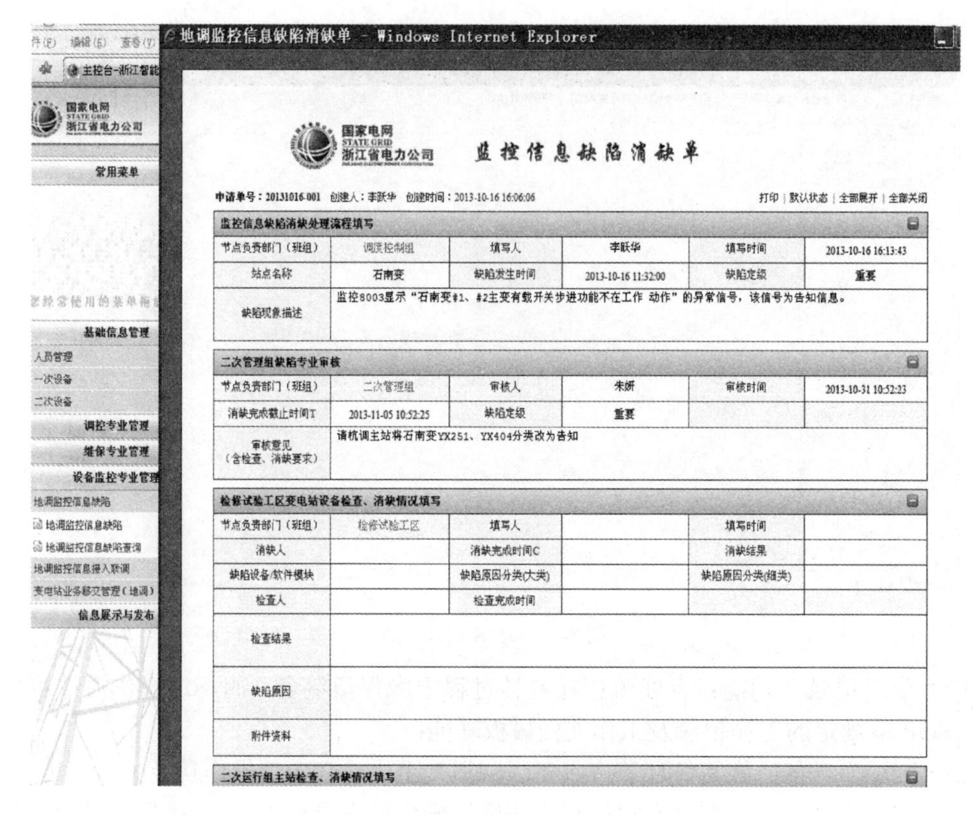

地调监控信息缺陷消缺单 - Windows Internet Explorer

国家电网 STATE GRID 浙江省电力公司　　监控信息缺陷消缺单

申请单号：20131016-001　创建人：李跃华　创建时间：2013-10-16 16:06:06　　打印 | 默认状态 | 全部展开 | 全部关闭

监控信息缺陷消缺处理流程填写

节点负责部门（班组）	调度控制组	填写人	李跃华	填写时间	2013-10-16 16:13:43
站点名称	石南变	缺陷发生时间	2013-10-16 11:32:00	缺陷定级	重要
缺陷现象描述	监控8003显示“石南变#1、#2主变有载开关步进功能不在工作 动作”的异常信号，该信号为告知信息。				

二次管理组缺陷专业审核

节点负责部门（班组）	二次管理组	审核人	朱妍	审核时间	2013-10-31 10:52:23
消缺完成截止时间T	2013-11-05 10:52:25	缺陷定级	重要		
审核意见（含检查、消缺要求）	请杭调主站将石南变YX251、YX404分类改为告知				

检修试验工区变电站设备检查、消缺情况填写

节点负责部门（班组）	检修试验工区	填写人		填写时间	
消缺人		消缺完成时间C		消缺结果	
缺陷设备/软件模块		缺陷原因分类(大类)		缺陷原因分类(细类)	
检查人		检查完成时间			
检查结果					
缺陷原因					
附件资料					

二次运行组主站检查、消缺情况填写

图 8-2　监控信息缺陷消缺单

体外循环缺陷按类别分为：

（1）地调监控范围内遥控不成功的设备；

（2）地调监控员发现的自动化主站缺陷；

（3）地调监控员发现的主站有此现象，变电站现场无此现象，且与地调自动化主站沟通初步判定非主站原因的。

缺陷情况记录必须详细记录缺陷发生的时间、变电站名、缺陷级别、填写人员、缺陷现象描述。填写完毕核对无误后保存发送给检修生产调度及二次管理组自动化相关负责人。对二次运行管理组已经反馈的缺陷单进行及时处理及流程闭环。

8.4　交接班制度

8.4.1　交接班规定

（1）调控人员应按调度控制专业计划值班表值班，如遇特殊情况无法按计划值班需经调控专业负责人同意后方可换班，不得连续当值两班。若接班值人员无法按时到岗，应提前告知调控专业负责人，并由交班值人员继续值班。

（2）值班调控员应按时进行交接班，严格履行交接手续。

（3）交班值调控人员应提前 30min 审核当班运行记录，检查本值工作完成情况，准备交接班日志，整理交接班材料，做好清洁卫生和台面清理工作。

（4）接班值调控人员应提前15min到达值班场所，认真阅读调度、监控运行日志，停电工作票、操作票等各种记录，全面了解电网和设备运行情况。

（5）交接班前15min内，一般不进行重大操作。若交接班前正在进行操作或事故处理，应在操作、事故处理完毕或告一段落后，再进行交接班。

（6）交接班工作由交班值调控值长统一组织开展。交班人员将当班业务分别与接班人员进行交接，其他人员做必要补充。交接班时，全体参与人员应严肃认真，保持良好秩序。

（7）交接班应做到交接两清，交班人员对交班内容的正确性负责。接班人员应认真听取交班内容，如有疑问，应立即提出，交班人员应予以解答。

（8）因交班人员未交代或交代不清发生问题，由交班人员负责。因接班人员未按规定检查或检查不细发生问题，由接班人员负责。

（9）在值班人员完备的前提下，交接班时交班值应至少保留1名调度员和1名监控员继续履行调度监控职责。若交接班过程中系统发生事故，应立即停止交接班，由交班值人员负责事故处理，接班值人员协助，事故处理告一段落后继续进行交接班。

（10）交接班完毕后，交、接班值双方调控人员应对交接班日志进行核对，核对无误后分别在交接班日志上签字，以接班值调控值长签名时间为完成交接班时间。

8.4.2　交接班内容

8.4.2.1　调度业务交接

（1）电网频率、电压、联络线潮流运行情况；

（2）地调管辖范围内一、二次设备运行方式及变更情况；

（3）地调管辖范围内电厂出力计划及联络线计划调整情况；

（4）发电机组启停情况；

（5）地调管辖范围内电网故障、设备异常及缺陷处理情况；

（6）调管范围内设备检修申请单、操作任务票及事故处理工作开展情况；

（7）设备的重载等情况；

（8）继电保护定值单、继电保护及安全自动装置的变更情况；

（9）上级指示和要求、电网预警信息、文件接收和重要保电任务等情况；

（10）各种记录簿、资料的收存保管情况；

（11）下值操作任务及工作计划；

（12）通信、自动化系统运行情况，调度技术支持系统异常和缺陷情况；

（13）其他需接班值或其他值办理的事项。

8.4.2.2　监控业务交接

（1）监控范围内的设备电压越限、潮流重载、异常及事故处理等情况；

（2）监控范围内的一、二次设备状态变更情况；

（3）监控范围内变电站运行异常及事故处理情况；

（4）操作任务的执行及转发令情况；

（5）无功电压优化系统运行及调试情况；

（6）电压、功率因数指标情况；

（7）上级指示；

（8）监控系统调试牌挂/摘牌、AVC 解/闭锁、信息封锁及限额变更情况；
（9）监控系统、设备状态在线监测系统及监控辅助系统运行情况；
（10）监控系统信息验收情况；
（11）监控遗留未复归的告警信息；
（12）其他注意事项。

第9章 调度工作规范

9.1 调度管辖范围

9.1.1 调度管辖范围释义

调度管辖范围指调度机构行使调度指挥权的范围，调管设备分为直接调度设备、授权调度设备、许可调度设备，紧急调度设备。

（1）直接调度设备：指由调度机构直接行使调度指挥权的发电、输电、变电、配电等一次设备及相关的继电保护、自动化等二次设备，简称直调设备。调度机构直调设备统称为直调系统。直调设备划分应遵循有利于电网安全、优化调度的原则，并根据电网发展情况适时调整；下级调度机构直调设备范围调整，由上级调度机构协调并确定；同一设备原则上应仅由一个调度机构直接调度。

（2）授权调度设备：指由上级调度机构授权下级调度机构直接调度的发电、输电、变电、配电等一次设备及相关的继电保护、自动化等二次设备。授权调度设备的调度安全责任主体为被授权的调度机构。

（3）许可调度设备：指运行状态变化对上级调度机构直调系统运行影响较大的下级调度机构直调设备，应纳入上级调度机构许可调度，简称许可设备。许可设备范围的确定和调整，由上级调度机构确定。许可设备状态计划性变更前，应申请上级调度机构许可；许可设备状态发生改变，应及时汇报上级调度机构。

（4）紧急调度设备指电网紧急情况下，上级调度机构可直接下令行使调度指挥权的非直调设备。紧急调度设备的范围由上级调度机构确定。

9.1.2 浙江省地区调度管辖范围

（1）220kV 发电厂及变电站的 110kV 母线及线路（除发电厂至 220kV 重要变电站间联络线及其母线属省调调度外）属地调调度。发电厂 110kV 及以下主变压器一般由发电厂值长调度，其 110kV 中性点接地方式属地调许可；发电厂 220kV 降压变压器和带有地区负荷的升压变压器 110kV 开关属地调调度（许可）。

（2）区域内 110kV 电网及市区 35kV 电网由地调调度。

（3）变电站 220kV 主变压器属地调调度、省调许可，其 220kV 分接头和 220kV 中性点接地方式属省调许可。

（4）220kV 变电站主变压器失灵保护停用，由省调许可。

（5）220kV 终端系统及 220kV 牵引站一般由所属地调调度。

1）地调调度 220kV 终端系统的下列一、二次运行方式变化应得到省调的许可：

①终端变电站线路的停复役；

②送端线路间隔倒换母线操作；

③终端变电站 220kV 母差保护全停；

④送端线路断路器失灵保护全停。

2）有下列情况之一的终端系统由省调调度管辖：

①220kV 终端变电站、终端线路与送端变电站或发电厂升压站属于不同地区；

②220kV 终端变电站接入有省调直接调度发电机组的；

③220kV 终端变电站能够通过 220kV 系统倒换供区供电方式的（含通过备自投方式倒换供区）；

④其他认为应由省调直接调度的终端系统。

3）省调与地调调度 220kV 终端系统的分界点为送端侧的 220kV 母线隔离开关，该母线隔离开关属地调调度、省调许可设备。

（6）县域 220kV 变电站 35kV 出线间隔及 110kV 主变压器中低压侧母线及以下设备属县调直调设备，220kV 变电站 35kV 出线母线隔离开关及 110kV 主变压器中低压侧母线隔离开关为地、县调度分界点。

（7）地调电厂调控管辖划分：

1）地调调管电厂原则上按照并网电压等级及容量进行确定，当两者矛盾时，由上级调度确定。

2）地调调度电厂：

①火电厂（含燃油、燃气）单机容量在 5000kW 及以上、50000kW 以下，总装机容量在 100000kW 以下；

②水电厂单机容量在 4000kW 及以上，总装机容量在 6000kW 及以上、50000kW 以下；

③风电场总装机容量在 6000kW 及以上、50000kW 以下；

④光伏电站总装机容量在 40000kW 以下；

⑤其他认为应由地调直接调度的电厂。

3）非省调调度的光伏电站由地调确定调度权限划分。

4）原则上并网发电厂的升压变压器高压侧母线隔离开关或并网线路的线路隔离开关作为调度管辖范围的分界点。

9.2 计划检修工作

9.2.1 计划检修一般规定

（1）计划的编制和发布必须遵循严格的编制审核发布流程，各单位应按刚性管理要求严格执行。

（2）设备计划检修分年度、月度、周和节日检修四种，凡新、扩、改建工程及设备检修均需列入计划管理。计划的编制和发布必须遵循严格的编制审核发布流程，各单位应按刚性管理要求严格执行。

（3）上级调度设备的检修计划由地调根据运检部组织平衡后的结果上报省调。

（4）若无年度检修计划，但必须进行的设备停电，则应事先征得计划主管部门同意后再报送月度检修计划。

（5）设备检修计划安排原则：检修计划编制应充分考虑电网运行风险和检修作业风险，

以防止发生五级及以上事件为原则，统筹考虑基建、技改项目的停电计划，结合设备状态评价结果、可靠性预控指标与基建、市政、技改工程等的停电需求。

（6）凡属地调调度和许可的设备，需要停止运行或退出备用进行检修（试验）者，各申请递交单位需按规定向地调办理申请手续，影响用户连续供电工作需提前10天提出申请。凡属上级调度机构调度和许可设备的一般计划检修，各申请递交单位需提前10个工作日上报申请给地调，经地调审核后上报省调。

（7）停役申请由公司检修、运维单位提出并经本单位主管领导同意，报地调。非公司生产单位因工作申请设备停役，经设备主管单位同意，由设备检修、运维单位向地调办理停役申请手续。属地调调度和许可的用户资产设备停役检修或配合检修，由营销部（农电工作部、客户服务中心）或用户办理停役申请手续。

（8）设备检修提前结束，应及时向值班调度员汇报。设备检修由于某种原因不能如期完成时，应在工期过半前（计划当日开工并完工，则应在计划复役时间前3h）向地调提出延迟申请，并说明延迟原因及延迟时间。重大方式的推迟或延期须经公司分管生产的领导批准。

（9）地调于工作开始前7天批复涉及用户停电的申请；其他停役申请原则上于工作开始前一周星期五15:00前批复，否则应至少于工作开始前3天批复。

9.2.2 计划检修调度工作流程

地调调度计划检修及临时检修基本流程如图9-1所示。

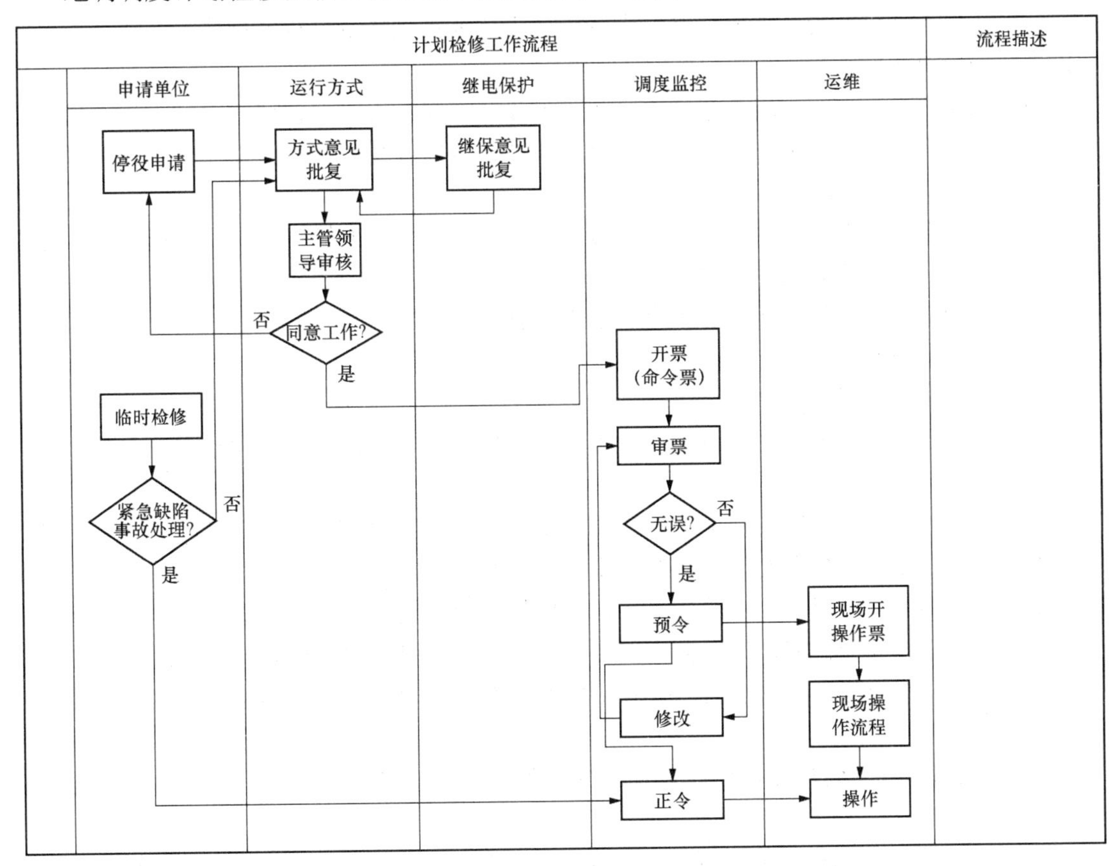

图9-1 流程图

计划检修经由调控中心运行方式组、继电保护组批复，并经本中心主管领导审核后，以标准申请单形式进入调度控制组。调度台当值调度员收到计划申请单后应对其进行全面浏览，并根据批准日期将相对应的申请单进入操作票流程。

操作票流程根据《浙江省地县统一操作票系统》的要求，进行拟票→审票→预令→执行等操作。

9.3　倒闸操作及操作票

9.3.1　倒闸操作规定

（1）倒闸操作应根据调度管辖范围实行分级管理，严格依照调度指令执行。

（2）调度管辖的设备，其倒闸操作是由值班调度员通过“操作指令”、“操作许可”两种方式进行。

（3）地调管辖设备中属上级调度许可范围的设备状态改变，应得到上级调度机构值班调度员的许可；下级调度管辖设备中属地调许可范围的设备状态改变，应得到地调值班调度员的许可。

（4）属地调管辖范围内的设备，未经地调值班调度员的指令，各级调度机构和发电厂、变电站、变电运维站（班）的值班人员不得自行操作或自行指令操作。但对人员或设备安全有威胁者和经地调核准的现场规程规定者除外（上述未得到指令进行的操作，应在操作后立即报告地调值班调度员）。

（5）地调和上、下级调度管辖范围交界处的设备，在必要时，地调管辖的设备可以委托上、下级调度进行操作，上、下级调度管辖的设备也可以委托地调进行操作，但应对现场值班运行人员说清楚。

（6）地调调度管辖范围内的设备，经操作后对上、下级调度管辖的电网有影响时，地调值班调度员应在操作前后通知相关调度。

（7）地调值班调度员发布操作指令有以下几种形式：

1）综合操作指令；

2）单项或逐项操作指令。

不论采用何种发令形式，都应使现场值班人员理解该项操作的目的和要求，必要时提出注意事项。

（8）调度机构、发电厂、变电站和变电运维站（班），同时接到多级调度发布的指令时，接令人员应向发布操作指令的调度汇报，由同时发布操作指令的几级调度中的上级值班调度员决定先执行谁的操作指令。一般情况下，应由值班调度员双方协商后决定。

（9）在决定倒闸操作前，地调值班调度员应充分考虑对电网运行方式、潮流、频率、电压、电网稳定、继电保护和安全自动装置、电网中性点接地方式、雷季运行方式、载波通信等方面的影响。

（10）地调值班调度员在操作前后均应核对调度自动化系统接线图，应经常保持调度自动化系统接线图与现场情况相符合。

（11）为了保证倒闸操作的正确性，地调值班调度员对一切正常操作应先拟写操作票（事故处理及机炉解并列操作时允许不填操作票，但需发令、复诵、录音并做好记录）。

1）计划操作需填写操作票，经过多值审核后，在操作前一天预发操作任务到变电运维站（班）；

2）临时性操作，由值班调度员填写操作票，值长审核，并尽可能提前预发到变电运维站（班）或现场，使变电运维站（班）或现场做好操作准备。

9.3.2 倒闸操作一般原则

（1）值班调度员在进行倒闸操作时，应互报单位、姓名，严格遵守发令、复诵、录音、监护、记录等制度，并使用本调度规程所规定的统一调度术语和操作术语及电网主要设备名称、统一编号等。倒闸操作联系时应使用包括厂站名称、设备名称、统一编号的三重命名。

（2）值班调度员发布操作指令时，接令人接受操作指令后复诵一遍，值班调度员应复核无误后，发出“发令时间”。“发令时间”是值班调度员正式发布操作指令的依据，接令人没有接到“发令时间”不得进行操作。

（3）汇报人汇报操作结束时，应报“结束时间”，并将执行项目报告一遍，值班调度员复诵一遍，汇报人应复核无误。“结束时间”应取用汇报人向调度汇报操作执行完毕的汇报时间，它是运行操作执行完毕的根据，值班调度员只有在收到操作“结束时间”后，该项操作才算执行完毕。

（4）地调值班调度员发布的操作指令（或预发操作任务）一律由“可以接受调度指令的人员”接令，非上述人员不得接受地调值班调度员的指令，地调值班调度员也不得将调度指令（不论是“正令”或“预令”）发给不可以接受调度指令的人员。

（5）电网中的正常倒闸操作，应尽可能避免在下列时间进行：

1）值班人员交接班时；

2）电网接线极不正常时；

3）电网高峰负荷时；

4）雷雨、大风等恶劣气候时；

5）联络线输送功率超过稳定限额时；

6）电网发生事故时；

7）地区有特殊要求时等。

（6）正常倒闸操作一般安排在电网低谷和潮流较小时进行。但为了事故处理和向用户提前送电的操作，为了改善电网接线及其薄弱环节的操作，为了解决电网频率、电压质量的操作等，可以在任何时间进行。

（7）值班调度员在许可电力设备开始检修和恢复送电时，应遵守《国家电网公司电力安全工作规程》中的有关规定。在任何情况下，严禁“约时”停送电、“约时”挂、拆地线和“约时”开始或结束检修工作（包括带电作业）。

9.3.3 调度操作票管理规定

操作票是指在电力系统中进行电气倒闸操作的书面依据，包括调度操作票和变电操作票。操作票是防止误调度、误操作（误拉、误合断路器，带负荷拉、合隔离开关，带地线合闸等）的主要措施。因此在电网设备的计划检修实施、电网运行方式调整和异常事故处置等工作中，一般均需要拟写相关设备的倒闸操作票。

调度操作票是为了保证电气设备倒闸操作的正确性，依据操作目的，以《电力系统地区调度规程》、《电力安全工作规程》及电气设备的技术原则，按一定顺序拟写的书面程序，是调度系统进行倒闸操作的书面依据，是调度安全生产的保障。因此，调度操作票管理必须制度化、规范化、程序化和标准化。

调度操作票，即调度操作指令票（也称调度操作任务票），仅指明设备状态之间的改变；变电操作票（变电站倒闸操作票）列明具体操作步骤。下文中提到的操作票均指调度操作票。

调度操作票可分为计划性调度操作票和临时性调度操作票。计划性调度操作票包括：电网设备计划停复役操作票、电网运行方式变更操作票和新设备启动操作票等。临时性调度操作票包括电网设备临时停复役操作票、紧急缺陷和事故处理操作票等。

地区调度操作票管理可分为操作票的拟写、审核、执行和终结四个环节。

9.3.3.1　操作票的拟写

调度一般按照地区供电设备停役（试验）申请书拟写操作票，一般采用综合票，即以一个基建、技改和检修任务为单位，尽量将相关检修申请工作内容的调度指令开在同一张操作票上，包括停役、复役，工作许可、汇报，包括反事故措施落实和上下级调度的相关操作联系等。

一般均应使用省地统一智能操作票系统进行计算机拟票，以便调度操作票的安全管理和综合管理。

调度操作票中一个操作项目栏内应只填一个受令单位。操作票填写的内容必须符合《浙江省电力系统地区调度控制管理规程》中规定的倒闸操作原则。填写操作票应正确使用统一规范术语，设备名称编号应严格使用双重命名。

值班调度员在进行倒闸操作票填写前应充分考虑以下方面：电网接线方式是否合理，采取的相应措施是否完善，电网运行方式安排是否合理，对电网的有功出力、无功出力、潮流分布、频率、电压、电网稳定、通信及调度自动化等方面是否有影响。继电保护和安全自动装置运行状态是否需要改变，变压器中性点接地方式是否符合规定。

9.3.3.2　操作票的审核

（1）在省地统一智能操作票系统中完成拟票后，应进入审核环节。在该操作票完成终结前，凡是在期间当班调度员均应对改操作票进行审核，并认真履行审核、签字手续。

（2）当审核人对操作票有修改时，直接在智能操作票系统中编辑修改，系统会自动记录修改痕迹。

9.3.3.3　操作票的执行

（1）调度操作票的执行分预令和正令两个环节。

（2）调度操作票预令一般由操作前一天中班当值调度员下发，对于重大操作可提前发布预令。

（3）预令必须及时下达到每一个相关单位，并明确告知其操作目的。当相关单位对预令内容有异议时，当值调度员应认真对待并及时消除疑问。

（4）调度下达操作正令时，必须由两人进行，一般情况下由副值调度员发布指令，正值或值长负责监护。

（5）发布和接受操作任务时，双方应互报单位、姓名，严格遵守发令、复诵、录音、监护、记录等制度，并使用地区调度规程所规定的统一调度术语和操作术语及电网主要设备名称、统一编号等。

（6）值班调度员下达调度指令应按操作票逐项进行，一般不得跳步操作。对于一份操作票中涉及多个单位的，并且明确无逻辑关系的操作项目可以同时发令，几个单位同时操作。

9.3.3.4　操作票的终结

（1）操作票全部执行结束后，应在操作票最后加盖“已执行”印章；

（2）对于整份因故取消不执行的操作票，应加盖“作废”章，不列入操作票合格率考核范围；

（3）对于一份操作票中因故取消不执行的操作任务，应在操作任务后加盖“不执行”章，并在备注栏中加以说明；

（4）调度操作牌终结的同时，应对相关设备停役申请单进行终结，并做好记录。

9.3.4　调度操作票系统

9.3.4.1　概述

目前，浙江地区调度使用的操作票管理系统是 2012 年浙江省调及地（县）调共同研制开发并投入使用的。浙江电网省地统一调度操作票管理系统是一套“管理功能齐全、规范，操作使用安全、高效”的省地统一智能操作票系统，它不再是传统的双机热备技术，而是扩展到冷备用自启动技术，大大提高了可靠性指标。在配置适当的情况下，只要系统还有一台服务器能正常运转，系统就能正常运转下去。系统结构如图 9-2 所示。

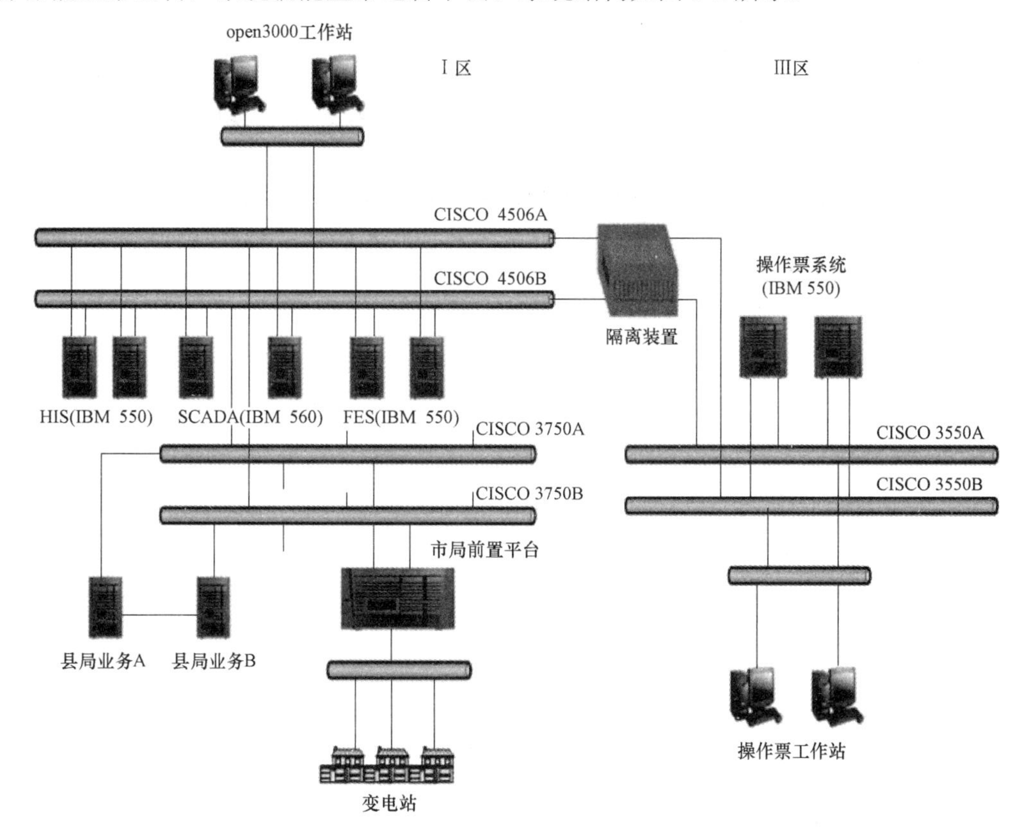

图 9-2　操作票系统结构图

该套地调智能操作票系统给地区调度的调度操作票管理带来的最大变化就是无纸化和电子化流程管理，实现了调度操作指令票“拟票－预审－预令－监护－执行”的全过程计算机管理，同时还具备 Web 方式发预令功能。该系统投入使用规范了调度操作指令票流程，实现了调度操作中正、副值调度员之间的有效监护，全面提升调度倒闸操作的安全管理和电网设备的状态管理。在系统功能方面，实现基于与open3000系统图模一体化的厂站接线和电网接线的智能拟票和防误功能，实现基于调度员潮流计算、*N*–1静态安全分析的安全校核功能。在智能化方面，实现了基于地区电网潮流拓扑图的智能拟票、预演防误校核、操作自动翻牌等功能。

9.3.4.2　功能模块介绍

1. 拟票功能

具备手工拟票、智能成票、点图成票、典型票、历史票套用功能。

（1）手工拟票：具备插入、删除、移动、撤销等基本编辑功能，提供标准操作术语辅助输入功能；具备智能感知，手写令能根据已输入的这部分内容猜想可能要输入的一些指令，显示这些列表供选择方便快速录入；对不规范的输入能立即予以修改提示和建议。

（2）智能成票：具备智能成票功能，可根据调度员指定的调度任务和电网的运行状态，自动推理生成电网调度操作票。

（3）点图成票：点图成票功能支持基于图形面向对象（间隔，母线，厂站，断路器，隔离开关，主变压器，保护）操作的成票过程，包括断路器、隔离开关、保护的单步令操作，也包括保护和安全自动装置。

（4）典型票、历史票：提供查询典型票、历史票并套用的功能。可将已生成的操作票转化为典型票存储于服务器，供以后操作调用，保证系统的安全性、一致性和可维护性。

系统开票界面如图9-3所示。

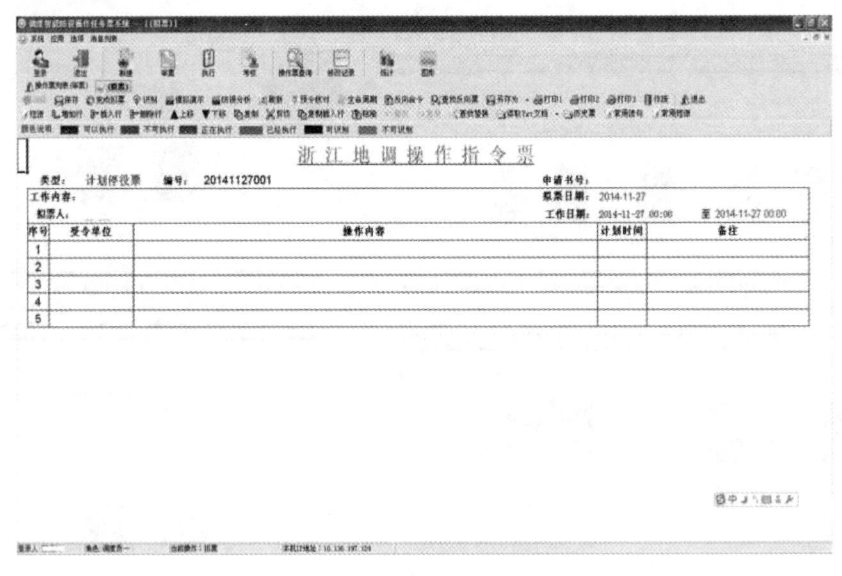

图9-3　系统开票界面

2. 流程化管理功能

实现拟票、审核、执行全过程的流程化管理。审核过程全记录及其查询功能：整步令的删除、增加、修改、换行等，包括审核修改的时间和人员记录。

（1）预令下发：实现下级调度人员和运维站人员操作票Web查询和签收功能，接收信息会随即显示到操作票系统上。

（2）操作监护：实现双机监护，只有经过调度值班长监护后的票才会转入待执行。对于一张操作票的执行授权，可以是操作端提出，也可以由监护端选择若干步骤进行主动授权。执行过程双机监护：操作端的哪些操作需要向监控端进行通信可以进行定制。

（3）操作执行：在执行操作中能填写此操作票的操作信息。操作票执行后能自动进入调度日志。

调度员在操作票执行时，系统能实现对open3000系统相应设备自动翻牌、拆挂检修牌。同时可利用open3000系统设备检修牌状态信息对操作票进行安全校验。

3. 防误功能

具备多项智能防误功能，包括基本五防校验、操作规则校验、潮流校验、检修申请和缺陷管理闭锁校验等功能。

（1）五防校验功能：防止带电拉/合隔离开关、防止带电装地线、防止误分断路器，造成大面积甩负荷、全站停电、母线失压、系统可能丢失负荷提醒、系统解/并列提醒（防止系统非同期并列）、系统开/合环提醒、T接线操作提醒。

（2）操作规则校验功能：对每一条操作指令检查是否有在防误规则里维护相关的危险点，给予提示。

（3）潮流校验功能：通过调用EMS潮流分析和N–1分析功能，检查操作后是否造成断面过载、设备过载、潮流转移情况以及N–1分析结果。

（4）检修申请和缺陷管理闭锁校验功能：对于停役票在执行后自动提示调度员相关检修申请开工，对于复役票在执行前自动检查相关检修申请是否全部完工，给出提示。

4. 操作票查询功能

具备多角度、全方位、多样的查询功能，以满足不同用户对操作票的不同角度的查询统计。

（1）统计功能：具备对每个人的监护数、签名数、修改次数、正令数、预令数、拟票数进行统计，对合格率进行定义和统计；

（2）查询功能：具备按时间段查，按关键字查，支持输入多个关键字，支持模糊匹配等方式的查询。

9.3.4.3 系统管理和维护

具备完善的系统管理和系统维护的功能，一方面从EMS的CIM模型中获取更多的信息，尽量减轻用户重复维护的工作，另一方面用户自己可以根据发展，灵活、多变地调整相关基础信息，以满足不断发展的要求。

（1）危险点管理模块：来自EMS，来自运行日志，来自厂站信息和设备参数管理。包括：站内危险点、特殊点；间隔内危险点、特殊点；设备危险点、特殊点。

（2）设备调度权限和参数管理：系统通过获取EMS CIM模型得到EMS设备、拓扑数据，实现系统的一次设备参数及拓扑数据免维护。

（3）用户权限管理：从进入操作票编辑，经过多次审核、模拟、批准、执行、回填都有严格的权限控制。各自有各自的空间，又可协同处理，直到命令执行完毕。

（4）备份管理：具备在系统投运后可将老系统操作票的倒入、倒出、库合并等功能。

（5）调度命令的版本管理：具备调度术语、调度命令和典型任务的新老版本的衔接、替换，除具备人工调整外，还是有一定的自动功能。

9.3.5 调度典型操作票举例

9.3.5.1 线路停复役（见表 9-1）

线路改检修，需将线路各侧均改为冷备用后，方可将各侧改至线路检修状态（注意“T”接线路），线路停役先停负荷侧，后停电源侧。线路复役时，需将线路各侧改至冷备用，然后电源侧送电，再恢复负荷侧运行方式。

表 9-1　线 路 停 复 役

顺序	地点	操作内容
1	甲站	××线由运行改为冷备用
2	乙站	××线由运行改为冷备用
3	乙站	××线由冷备用改为断路器及线路检修（线路检修）
4	甲站	××线由冷备用改为断路器及线路检修（线路检修）
5	工作单位	许可××线线路工作开始~~结束
6	甲站	××线由开关及线路检修（线路检修）改为冷备用
7	乙站	××线由开关及线路检修（线路检修）改为冷备用
8	乙站	××线由冷备用改为运行（双母线说明恢复至何母线运行）
9	甲站	××线由冷备用改为运行（双母线说明恢复至何母线运行）

9.3.5.2 内桥接线主变压器停复役（见表 9-2）

主变压器停役，先停负荷侧，后停电源侧，内桥接线主变压器停役，需停役主变压器的电源侧断路器均需拉开，方可操作主变压器高压侧闸刀，下面以内桥接线分列方式为例说明。

表 9-2　内桥接线主变压器停复役

顺序	地点	操作内容
1	×县/配调	待其告：甲站×号主变压器 10kV（35kV）侧可停
2	甲站	×号主变压器 10kV（35kV）侧由运行改为冷备用
3	甲站	×线由运行改为热备用（110kV 备自投由跳闸改信号）
4	甲站	×号主变压器 110kV 侧由运行改为冷备用
5	甲站	×线由热备用改为运行（110kV 备自投由信号改跳闸）
6	甲站	×号主变压器由冷备用改为两侧（三侧）开关及主变压器检修（主变压器检修）
7	甲站	许可当值工作开始~~结束
8	甲站	×号主变压器由两侧（三侧）开关及主变压器检修（主变压器检修）改为冷备用
9	甲站	×线由运行改为热备用（110kV 备自投由跳闸改信号）
10	甲站	×号主变压器 110kV 侧由冷备用改为运行
11	甲站	×线由热备用改为运行（110kV 备自投由信号改跳闸）
12	甲站	×号主变压器 10kV（35kV）侧由冷备用改为运行
13	×县/配调	告之~~

9.3.5.3 线变组接线主变压器及线路停复役（见表 9-3）

线变组主变压器、线路需同时停复役，根据停役要求，调整具体设备状态，下面以线路、主变压器均需至检修状态为例。注：进线变压器以线路命名。

表 9-3　　线变组接线主变压器及线路停复役

顺序	地点	操作内容
1	×县/配调	待其告：甲站×号主变压器 10kV（35kV）侧可停
2	甲站	×号主变压器 10kV（35kV）侧由运行改为冷备用
3	甲站	×线由运行改为冷备用
4	乙站	×线由运行改为冷备用
5	乙站	×线由冷备用改为线路检修
6	甲站	×线由冷备用改为线路检修（开关及线路检修）
7	甲站	×号主变压器由冷备用改为两侧（三侧）主变压器检修
8	甲站	许可当值工作开始~~结束
9	工作单位	许可××线线路工作开始~~结束
10	甲站	×号主变压器由两侧（三侧）主变压器检修改为冷备用
11	甲站	×线由线路检修（开关线路检修）改为冷备用
12	乙站	×线由线路检修改为冷备用
13	乙站	×线由冷备用改为运行（注意运行母线）
14	甲站	×线由冷备用改为运行
15	甲站	×号主变压器 10kV（35kV）侧由冷备用改为运行
16	×县/配调	告之~~

9.3.5.4　主变压器各侧有开关主变压器停复役（见表 9-4）

主变压器各侧有开关时，可以发综合令操作，将各负荷侧调整完毕后发主变压器由运行改冷备用命令。以低压侧均由地区调度发令为例。

表 9-4　　主变压器各侧有开关主变压器停复役

顺序	地点	操作内容
1	甲站	35kV（110kV）母分（或母联）断路器由热备用改为运行（相关备自投改信号）
2	甲站	×号主变压器由运行改为冷备用
3	甲站	×号主变压器由冷备用改为两侧（三侧）断路器及主变压器检修（主变压器检修）
4	甲站	许可当值工作开始~~结束
5	甲站	×号主变压器由两侧（三侧）断路器及主变压器检修（主变压器检修）改为冷备用
6	甲站	×号主变压器由冷备用改为运行（各侧指明运行母线）
7	甲站	35kV（110kV）母分（或母联）断路器由运行改为热备用（相关备自投改跳闸）

9.4　电 网 缺 陷 处 理

电力设备是电网的基本组织。每一个运行中的电网设备都在电网安全稳定运行中发挥着应有的作用。作为电网安全稳定运行的指挥者，当发现电网设备缺陷或异常时，调度人员必须及时、正确、果断、合理地对其加以处置，确保设备、电网和人身安全。当设备缺陷发生、现场人员向当班调度员汇报后，调度员首先应与现场人员一道分析确认设备是否需要紧急停运，如果不用紧急停运，如何做好危险点预控措施；如果需要紧急停运，当班调度应立即根据设备停运对电网运行的影响，采取相应应对调整措施，并做好进一步的动态风险评估。

9.4.1　一次设备常见缺陷及处置原则

9.4.1.1　主变压器

1. 轻瓦斯发信

（1）现象："主变压器分接断路器瓦斯动作"光字牌亮（或"主变压器分接断路器轻瓦斯"动作发信），或者是"本体瓦斯动作"光字牌亮（或"主变压器本体轻瓦斯"动作发信）。

（2）分析："主变压器分接断路器瓦斯动作"光字牌亮（或"主变压器分接断路器轻瓦斯"动作发信），表示主变压器有载分接断路器的轻瓦斯动作发信号（如重瓦斯切至信号，动作后也可以发出该信号）。"本体瓦斯动作"光字牌亮（或"主变压器本体轻瓦斯"动作发信），表示主变压器本体的轻瓦斯动作发信号（如重瓦斯切至信号，动作后也可以发出该信号）。

（3）处置：调度员首先要确认是本体瓦斯发信还是主变压器分接头断路器瓦斯发信，其次确认是真发信还是误发信。对于是主变压器分接头断路器的瓦斯发信，在无法立刻确认是否误发信的情况下，应先停用主变压器自动有载调压功能。应要求现场对主变压器本体或分接断路器进行仔细检查，检查是否存在异响、漏油，主变压器油温及油位是否有较大变化，应着重检查瓦斯气室。如有异常发现，对于主变压器本体原因引起的发信，原则上应立即停役，并及时汇报相关部门和检修单位。而对于分接断路器原因引起的发信，如有特别明显异响、严重漏油等象，应及时通知检修单位，并及时汇报相关部门，确定是否拉停主变压器。如无异常发现，则应加强对主变压器或分接断路器及其相关设备的监视，注意主变压器负荷及油温的变化，及时控制负荷，并要求检修单位尽快到现场处理。

2. 冷却器装置故障

（1）现象："冷却器控制电源故障"、"强油风冷电源故障"或"冷却器全停"等相关光子牌亮。

（2）分析：

1）"冷却器控制电源故障"光字牌亮，表示主变压器冷却器操作回路有问题。

2）"冷却器故障"光字牌亮，表示有工作冷却器运行后发生故障。

3）"工作电源Ⅰ（Ⅱ）故障"光字牌亮，表示冷却器工作电源Ⅰ（Ⅱ）故障，1ZJ（2ZJ）失磁而启动本信号。一般有两组交流工作电源，互相备用，即如在"Ⅰ（Ⅱ）工作、Ⅱ（Ⅰ）备用"方式下，能自动投入Ⅱ（Ⅰ）工作电源。

4）"强油风冷电源故障"或"冷却器全停"光字牌亮，表示冷却器全停保护回路动作，同时保护屏上有信号发出（此保护一般情况下投信号）。

（3）处置：变压器分油浸风冷（自冷）、强油风冷。对于风冷变压器失去全部风扇时，顶层油温不超过65℃时，允许带负荷运行，此时应要求运行人员加强检查，明确是否为接触器、风扇或回路中存在故障。对负荷较重的主变压器，若短期内油温上升较快，则应立即对负荷进行控制，确保油温在正常值范围内。对负荷比较轻的主变压器，除了加强油温监视外，还应该加强负荷监视，防止因负荷上升导致油温升高，并及时通知检修单位，汇报相关部门进行处理。对于强油风冷变压器，当冷却系统故障切除全部冷却器时，若顶层油温低于75℃，允许带额定负载运行 60min。若顶层油温达到 75℃时，则仅允许运行 20min。此时，应立即检查冷却系统的运行情况，找出故障原因并及时排除，恢复正常运行，并及时控制主变压器负荷，防止油温上升，通知检修单位，在 1h 内还处理不了缺陷的，及时汇报相关部门，拉停主变压器。

3. 主变压器漏油

（1）现象：现场发现主变压器有漏油，现场地面有油渍。

（2）分析：油路或油箱某处密封失严。

（3）处置：调度首先应向现场了解清楚漏油的严重程度（比如多少时间漏一滴），能否确认漏油的具体位置。不同的位置、不同漏油严重程度，根据油箱油位、主变压器负荷等的具体情况做出相应的处置。针对主变压器严重漏油的紧急缺陷，应立即通知相关部门和检修单位，运行人员应对油温和储油箱油位进行密切监视，必要时控制负荷，防止油温上升。如条件许可，可在汇报相关部门后停役主变压器，同时做好负荷转移和控制。若是主变压器喷油，应马上拉停，事后立即汇报相关部门。

4. 主变压器本体异响

（1）现象：现场发现主变压器本体有异响。

（2）分析：运行主变压器因冷却风扇、循环油泵、电磁声响和部件振动等原因正常时就有一定的声响，如果发生异响，说明主变压器内部或某一部件运转异常。

（3）处置：现场运行人员应尽量能判断本体异响的源头是风扇、油泵还是主变压器内部，判断依据主要是听力和运行经验，还有主变压器油温、油压、油位和负荷、差流、瓦斯等情况。应立即通知检修人员到现场进一步会诊、会商，期间，调度应尽量控制主变压器负荷。当主变压器内部声响很大，有爆裂声时，主变压器应立即停运，并及时汇报相关部门及检修单位。

9.4.1.2 断路器

1. 断路器本体缺陷

（1）现象：SF_6 断路器“SF_6 泄漏”或“SF_6 压力低”等光字牌亮。油断路器本体漏油，油色发黑等。

（2）分析：断路器的绝缘和灭弧能力受到影响。

（3）处置：对 SF_6 断路器询问具体压力情况，是否接近或达到闭锁定值。总体处置原则是，如果已经闭锁分闸了，则应立即通过方式调整利用相邻断路器对该断路器进行停运。如果尚未闭锁分闸，根据情况紧急和严重程度决定选择立即拉停，还是断路器旁路代而不停设备，还是加强运行监视，叫检修人员到现场处理。

2. 断路器操动机构缺陷

（1）现象：断路器液压机构漏油、漏氮；油泵频繁打压，油泵空转无法建压等；储压桶抱箍断裂等。

（2）分析：操动机构的正常操作动力、能力受到影响，导致断路器分合能力异常。

（3）处置：一般而言，根据现场断路器型号的不同，无论是“N_2 泄漏”引起的，还是油压引起的机构压力不正常，不管是闭锁分合闸还是油泵频繁启动或打压补上，最终都是要确定断路器要不要停运。如果要停运，停运的操作方法和设备运行方式根据实际情况确定。如果有旁路断路器，一般在断路器闭锁分闸前尽早安排旁路代操作为宜。对于油压引起，应该尽量判断是外漏还是内漏。如果是外漏，主要关注油箱油储备情况和漏油严重程度；如果是内漏，现实运行中也有断路器拉合操作一次后即行恢复的先例。现实运行中也有因行程接点问题导致的误发信。对于油泵频繁打压或者空转不建压等缺陷，应重点关注油压变化情况，同时要防止油泵电动机长时间运转而烧坏。

3. 断路器其他缺陷

现实运行中，断路器常见的缺陷还有控制回路断线、分或合闸线圈烧坏、断路器引线接头发热、断路器绝缘子破裂等。无论是何种缺陷，都只需根据情况先决定是否需要断路器停运，断路器停运是否可以供设备不停运等。对于分闸线圈烧坏，可以确定是一只还是两只，如果一个分闸回路有问题，而断路器停运一时安排困难，可以再酌情特殊处置。但最终还是应尽早安排停运消缺处理。对于断路器操作期间出现的个别相拉不开或者合不上的问题，应根据调度规程的处置原则进行处置。即一相没拉开的，先试着操作拉开该相断路器，不行则合上另两相以保持全相运行，并及时利用对侧断路器进行配合处理；一相没合上的，先试着操作合上该相断路器，如不能合上，拉开另两相以保持全相运行，并应同样利用对侧断路器采取最佳的处置顺序，确保安全。

9.4.1.3　隔离开关

1. 合闸运行隔离开关触头或接头发热

对于设备发热引起的紧急缺陷，应立即采取各种必要措施降低发热设备负荷，并在最快的时间内控制负荷，如开启水电机组、转移负荷或拉限电、使用旁路代等，防止因为设备过热引发电网事故。若温度只达到重要缺陷程度，如有旁路设备则可通过旁路代来转移负荷，如无旁路设备可考虑先转移负荷或开启水电机组。在降低发热设备的负荷后，运行人员应加强对发热设备的监视和测温，并及时汇报，同时将缺陷汇报检修单位和相关部门。对于双母接线的母线隔离开关，如果一时不具备停役处理的条件，只要确认该隔离开关仍能进行拉开操作，则可以先采取设备倒排的临时处置方案。由于隔离开关动静触头、引线接头接触不良，造成接触电阻偏大，在高负荷或长时间运行时，比较容易出现发热情况。对于不同材质的设备，其耐热度也不一样，铜导体 140℃或铝导体 125℃以上或发红就应作为紧急缺陷处理；而当铜导体 110～140℃或铝导体 100～125℃，则应作为重要缺陷来处理。

2. 隔离开关操作期间的拉不开或者合不上

由于隔离开关本身的结构特性，隔离开关操作期间经常遇到合不上、拉不开或者合不到位、拉不到位等缺陷，甚至拉开期间严重拉弧。这时，调度员在处置时必须首先保证运行系统的安全，尽快、尽早让该隔离开关处于安全和固定的位置。必要时，应紧急拉开相应的设备断路器进行停电处理。

3. 隔离开关辅助接点不跟随不对应问题

在运行中，或者在隔离开关操作中，经常会出现隔离开关辅助接点的问题。母线隔离开关的辅助接点问题尤其相对常见，影响严重程度也与母差类型和原理有关。此时的处置原则主要是保证一、二次系统的状态和功能对应，可以对母差装置中的位置接点进行强制，也可以拉合调整隔离开关调查一次方式。

9.4.1.4　电压互感器（压变）

电压互感器主要有线路电压互感器和母线电压互感器。220kV 线路电压互感器一般只有单相配置，主要用于同期和重合闸功能。220kV 母线电压互感器三相配置，用于继电保护、安全自动装置、测量和计量等。电压互感器的常见一次缺陷有电压互感器异响、外部变形和电压互感器冒烟等。系统单相接地引起的高电压或者电压互感器二次短路都有可能造成电压互感器绝缘损坏引起内部故障，外部发生变形，或者内部出现异常声响、甚至冒烟，因此运行人员应加强对电压互感器的巡查。对于电压互感器上述一次缺陷的处置主要是如何隔离该电压互感器。如果是线路电压互感器，一般没有独立的隔离开关设置，因此只有停役该线路处理。在停役线路操作时，一般是先拉开线路对侧断路器，主要是从电压角度加以考虑。如果是母线电压互感器，一般母线电压互感器有独立的隔离开关设置，因此在电压互感器隔离时还有一种直接操作电压互感器隔离开关的选择。这时需重点确认该电压互感器隔离开关能否远方遥控操作，主要是确保操作人员的人身安全。对有明显故障的电压互感器禁止用隔离开关进行操作，也不得将故障的电压互感器与正常运行的电压互感器进行二次并列，应在尽可能转移故障电压互感器所在母线上的负荷后，用断路器来切断故障电压互感器电源并迅速隔离。母线电压互感器一般还同时接有避雷器，则该避雷器的缺陷停役处置也同上。

9.4.1.5 电流互感器（流变）

电流互感器是电力系统中不可缺少的重要设备，广泛应用于测量回路和保护回路。电流互感器的不安全运行不但关系到测量、计量的准确性，还关系到相关的继电保护装置能否正常运行。运行中应加强巡视，防止因渗油、外壳腐蚀缺损、绝缘损坏、发热、二次接触不良或开路等原因造成电流互感器故障，导致保护不正确动作，引发或扩大事故。电流互感器常见的一次缺陷有漏油（漏气）、支持绝缘子破裂、引线接头发热和引线过紧等，这些缺陷的处理基本上可以参照断路器的同类缺陷。这里主要介绍“发现电流互感器异响”的缺陷和调度处置。当发现电流互感器有异常声响发出，尤其发出嗡嗡的声音的时候，有可能是电流互感器内部发生故障或电流互感器二次开路。现场应重点检查取自该电流互感器的各测量、计量和保护回路的二次电流有无显示或异常。原则上调度应立即停运该断路器间隔，并立即通知检修单位和相关部门。

9.4.1.6 线路

巡线时通过肉眼或测温仪发现线路个别部位发热，调度接到汇报后主要根据发热的程度要求线路运行维护单位给出是否需要紧急停役的意见。同时，应立即根据线路潮流情况，尽快通过调节机组出力、方式调整和负荷转移等方法来减小线路的输送潮流，以便降低温度，并通知送电工区。对于因断股、松股引起的线路发热，如果比较严重，应该尽快停电处理。

线路下山火、铁塔倾斜，有漂浮异物挂在线路上、有人攀塔等。当调度员接到类似的情况汇报时，由于调度员无法亲眼目睹现场的具体情况，只有依据线路运维单位的最终意见。为保险起见，可以视情况先将线路重合闸停用。同时预先做好线路停役的相关准备，包括进行潮流计算和落实停役后的控制措施。

9.4.2 二次设备常见缺陷及其调度处置原则

同一次设备缺陷一样，对于二次设备的缺陷处理，调度人员仍然首先要了解清楚这个缺陷是怎么影响二次设备的正常运行的，影响程度如何，需要停役哪些功能或设备，是否还得做出一次或二次系统方面的调整等。当然，还有就是联系修试人员尽快到现场进行消缺。在《浙江电网 220kV 系统继电保护配置及调度运行管理》章节中，对厂站二次电压回路、电流回路和直流系统的缺陷及其调度处置做了说明，本节主要再对继电保护装置的常见缺陷及其调度处置做些说明。继电保护常见缺陷的调度处置的主要依据是《浙江电网继电保护调度检修运行管理规定》和现场保护装置运行说明和相关运行规程。

9.4.2.1　线路保护

220kV 线路保护均为双重化配置。每一套线路保护都由纵联主保护和后备保护构成。纵联保护的主要缺陷就是通道异常（3dB 告警）和收发信机常（或长）发信（或通道接口装置故障）。通道异常，一般只需将该套纵联保护改信号。但如果是高频保护，收发信机长发信时，为防止收发信机功放元件受损，应将该套纵联保护改停用（关闭收发信机电源）。如果两套纵联保护都需要停役，由于线路无主保护，故障切除时间加长，从电网稳定角度考虑一般要求将线路陪停（特别是发电厂送出通道线路）。如果电网方式角度出发，该线路一时无法停役，则应将该线路的后备保护的灵敏段时限改成短时限（一般是 0.5s）。线路保护的后备保护的常见缺陷有装置异常或故障总告警，运行 OP 灯灭，装置某一插件故障等，一般情况下，处理时先让现场用复归按钮复归，如果无法复归，一般将该套保护整体退出并联系修试人员尽快处理。如果比较需要该套保护的投用，还可尝试让运行人员在退出出口连接片的情况下对保护装置进行断路器电源进行重启。对于第一套后备保护的退出，不同类型的保护重合闸退出与否并不相同，如果重合闸需要同时退出，也有考虑用断路器旁路代处理的，这样处理的优点就是可以保持重合闸功能的存在，但是旁路代操作非常复杂、现场工作量比较大，需付出一些操作风险的代价。因此，除非明确该套保护装置处理（特别是处理结束后需要传动断路器）需要停断路器，才优先采用旁路代处理方式。

9.4.2.2　母差保护

220kV 母差保护的常见缺陷有隔离开关辅助接点不对应，有差流，复合电压闭锁继电器动作，交流电流回路断线等。这些缺陷对母差保护功能影响也有所不同，处理要求也有所不同。最严重的是交流电流回路断线，一般此时母差保护已经自动闭锁，否则断线该间隔（特别是线路）故障，将引起母差保护误动。此时，应关注差流大小情况，控制该断线间隔的负荷大小，发令退出该套母差保护。如果是单套母差保护配置，母差保护退出时间若预计较长（超过 4h），则应将线路对侧的灵敏段时限改成短时限。

9.4.2.3　主变压器保护

主变压器保护常见的缺陷有“主变压器主（或后备）保护装置异常”光字亮和“主变压器主（或后备）保护装置故障”光字亮两种。

（1）“主变压器主（或后备）保护装置异常”光字亮，表示保护装置在非正常状态下运行，需尽快处理，但保护或部分保护仍在运行，例如延时 TA 断线告警（保护控制字选择闭锁或不闭锁差动保护），保护装置仍在工作。

（2）“主变压器主（或后备）保护装置故障”光字亮，表示保护装置存在严重故障，除告警外，保护完全退出工作。主变压器的主保护主要有差动保护和瓦斯保护，在保护装置故障告警时，应先将保护装置重启，注意退出出口连接片。若重启后告警信号仍未能复归，应立即通知相关部门和检修单位，并征得有关部门同意，将故障保护装置停用或尽可能转移主变压器负荷以便停役主变压器。对于主变压器后备保护装置故障告警，可采用主保护故障时的处理方法。若后备保护装置重启后未能复归，应立即通知相关部门和检修单位，并征得有关部门同意，将故障保护装置停用。

9.5 常见事故处理

9.5.1 事故处理原则和规定

地调值班调度员为地区电网事故处理的指挥者，对事故处理的迅速、正确性负责，在处理事故时应做到以下几点：

（1）尽快限制事故的发展，消除事故根源，解除对人身和设备的威胁，防止稳定破坏、电网瓦解和大面积停电；

（2）用一切可能的方法保持设备继续运行和不中断或少中断重要用户的正常供电，首先应保证发电厂厂用电及变电站所用电；

（3）尽快对已停电的用户恢复供电，对重要用户应优先恢复供电；

（4）及时调整电网运行方式，并使其恢复正常运行。

在处理事故时，各级调度机构值班人员和现场值班人员应服从地调值班调度员的指挥，迅速正确地执行地调值班调度员的调度指令。凡涉及对电网运行有重大影响的操作，如改变电网电气接线方式等，均应得到地调值班调度员的指令或许可。

在设备发生故障、系统出现异常等紧急情况下，各级调度机构值班监控员和变电运维站（班）运维人员应根据地调值班调度员的指令遥控拉合断路器，完成故障隔离和系统紧急控制。在台风等可预见性自然灾害来临之前，地调可视灾害严重程度决定将受影响的受控站监控职责移交相应变电运维站（班）；受影响的无人值班变电站应提前恢复有人值班；在变电站恢复有人值班模式期间，与地调联系的现场运维人员应具备接受地调指令的相关资格；双方在联系过程中，仍应坚持使用“三重命名”的发令形式，并严格遵守发令、复诵、录音、监护、记录等制度及相关安全规程要求。

为了防止事故扩大，凡符合下列情况的操作，可由现场自行处理并迅速向值班调度员作简要报告，事后再作详细汇报：

（1）将直接对人员生命安全有威胁的设备停电；

（2）在确知无来电可能的情况下将已损坏的设备隔离；

（3）运行中设备受损伤已对电网安全构成威胁时，根据现场事故处理规程的规定将其停用或隔离；

（4）发电厂厂用电全部或部分停电时，恢复其电源；

（5）整个发电厂或部分机组因故与电网解列，在具备同期并列条件时与电网同期并列；

（6）其他在本规程或现场规程中规定，可不待值班调度员指令自行处理的操作。

发生重大设备异常及电网事故，地调值班调度员在事故处理告一段落后，应及时将发生的事故情况报告调度控制组组长（调度班长）和地调主管领导。在必要时，地调主管领导或调度控制组组长应对其作出相应的指示。

地调主管领导或调度控制组组长认为地调值班调度员、监控员处理事故不当，应及时纠正，必要时可直接指挥事故处理，但有关的调度指令应通过调度控制组组长、值班调度员下达。

9.5.2 电网事故处理的一般规定

电网发生事故时，事故单位应立即清楚、准确地向值班调度员报告事故发生的时间、现象、跳闸断路器、运行线路潮流的异常变化、继电保护及安全自动装置动作、人员和设备的损伤以及频率、电压的变化等事故有关情况。对于无人值班变电站，应由负责监控的调度机构或者变电运维站（班）立即向地调值班调度员报告事故发生的时间、跳闸断路器、保护动作信息、设备状态及潮流、频率、电压等的变化情况，并迅速联系人员尽快赶往现场检查。具有视频监控系统和保护信息管理系统子站的，应立即着手设备远程巡视和保护动作分析。运维人员赶到现场后，应立即向地调报告，明确现场检查工作方向和重点要求。

对于无人值班变电站站内设备故障（如母线差动、主变压器差动和重瓦斯等保护动作），在运维人员赶到现场并汇报检查结果之前，值班调度员不得对站内设备进行强行恢复处理。

线路跳闸停电后，两侧若均为无人值班变电站，值班调度员除了向变电运维站（班）了解故障情况，一般应等运维人员赶到现场后再进行处理。对于重要负荷线路跳闸停电后，若相关无人值班变电站具备遥控操作功能，经对断路器跳闸、保护动作等情况分析后，认为是线路故障，并且通过变电运维站（班）检查确认线路断路器无异常（SF_6 断路器、跳闸次数远未达到限定次数、无压力低等任何异常告警等），可以对线路进行试送操作。

非事故单位，不得在事故当时向值班调度员询问事故情况，以免影响事故处理。应密切监视潮流、电压的变化和设备运行情况，防止事故扩展。如发生紧急情况，立即报告地调值班调度员。

事故处理时，严格执行发令、复诵、汇报和录音制度，使用统一调度术语和操作术语，指令和汇报内容应简明扼要。

事故处理期间，事故单位的值长、值班长应坚守岗位进行全面指挥，并随时与值班调度员保持联系。如确要离开而无法与值班调度员保持联系时，应指定合适的人员代替。

为迅速处理事故和防止事故扩大，地调值班调度员可越级发布调度指令，但事后应尽快通知省调或有关县配调值班调度员。

值班调度员在处理电网事故时，只允许与事故处理有关的领导和专业人员留在调度值班室内，其他人员应迅速离开。必要时值班调度员可请有关专业人员到调度值班室协助处理事故。被请人员应及时赶到，不得拖延或拒绝。

电网事故处理完毕后，值班调度员根据相关事故调查规程的要求，填好事故报告，认真分析并制定相应的反事故措施。各单位的少送电量以原始报告为依据。

紧急缺陷作为事故类处理，值班调度员有权改变电网的运行方式，必要时可紧急召集相关人员进行协商处理。

9.5.3 电网频率降低或升高的事故处理

电网频率超出（50±0.2）Hz 为事故频率。事故频率允许的持续时间为：超过（50±0.2）Hz，总持续时间不得超过 30min；超过（50±0.5）Hz，总持续时间不得超过 15min。对频率事故的处理，属电网事故处理性质，也应遵循电网事故处理的一般规定。

当电网频率低于 49.8Hz 时，各级调度和有关运维人员应根据省调指令按下述原则进行处理：

（1）当电网备用出力不足或无备用出力时，地调值班调度员应按照省调下达的拉、限电数额，并根据电网的负荷趋势，对县配调值班调度员下达限负荷或按“超电网供电能力限电序位表”下达其中一轮或同时几轮的综合拉限电指令。县配调接到指令后应在 15min 以内完成下达指标并汇报地调。地调值班调度员在下达限电、拉电指令时，应遵循“谁超拉谁”的原则。当电网频率已经低至 49.8Hz 且有继续下降的趋势时，相关调度机构、发电厂、变电运维站（班）值班人员应严格执行上级调度拉电指令，使频率低于 49.8Hz 的时间不超过 30min。

（2）当电网频率在 49.0Hz 以下，地县调度机构、发电厂、变电运维站（班）值班人员应严格执行省调按“事故限电序位表”发布的拉路指令，确保在 15min 内使频率上升至 49.0Hz 以上。

（3）当电网频率在 48.5Hz 以下时，有“事故限电序位表”的发电厂值班人员应立即按照“事故限电序位表”自行进行拉路，变电运维站（班）运维人员和各级调度机构值班监控员在接到上级调度值班调度员的拉路指令后，应立即进行拉路，使频率迅速回升至 49.0Hz 以上。

（4）当电网频率在 47.0Hz 以下时，各级值班调度员可不受“事故限电序位表”的限制，直接下令拉开负荷较大的线路、主变压器，直至整个变电站。应在 15min 内使频率回升至 49.0Hz 以上。

（5）当电网频率下降到危及发电厂厂用电安全运行时，各发电厂可按照现场规程规定将厂用电（全部或部分）与电网解列。地调直调各发电厂厂用电解列的规定和实施细则，事先须书面递交市公司调度机构，经市公司批准后执行。

（6）地调发布的拉电指令，任何单位或个人不得少拉或不拉，不得倒换电源（配置有备用电源自投装置的线路，在执行拉路指令时事先停用）。对特殊需要保证供电的用户，应及时向地调汇报，在征得值班调度员许可后方可变更。

（7）在电网低频率运行时，各发电厂、变电运维站（班）及现场运维人员应检查低频减载装置动作情况，如到规定频率应动而未动者（含发电厂低频解列装置），应立即手动拉开该断路器。

9.5.4 电网电压降低或升高的事故处理

事故后 220kV 厂站母线电压低于调度机构规定的电压曲线值 20%，值班调度员应立即采取措施，在 30min 内使电压恢复到调度机构规定的电压曲线值的 80%以上。事故后 220kV 变电站母线电压低于调度机构规定的电压曲线值 10%，值班调度员应立即采取措施，在 1h 内使电压恢复到调度机构规定的电压曲线值的 90%以上。

事故后 220kV 厂站母线电压低于调度机构规定的电压曲线值 5%以上及 10%以下，值班调度员应立即采取措施，在 2h 内使电压恢复到调度机构规定的电压曲线值 95%的以上。

当发电机的运行电压降低时，有关发电厂的运行人员按规程应自行使用发电机的过负荷能力，制止电压继续降低到额定值的 90%以下。

当个别地区电压降低，使发电机过负荷时，有关发电厂的运行人员应向有关调度报告，并采取措施，消除发电机的过负荷。

对于发电机过负荷的发电厂处于电网受端时，或电网低频率时，一般不能用降低有功增加无功的办法来提高电压和消除发电机的过负荷。此时应根据具体原因进行处理直至限制或切除受端部分负荷。

为防止系统性电压崩溃，当枢纽变电站运行电压下降到省调确定的“最低运行电压”值以下时，各有关调度应立即采取措施直至拉路，使电压恢复到“最低运行电压”以上。现场运维人员也应一面按“事故限电序位表”进行拉路，一面报告有关调度，尽快使电压恢复到“最低运行电压”以上。

当发电厂母线电压降低到威胁厂用电安全运行时，运行人员可按现场规程规定，将供厂用电机组（全部或部分）与电网解列。有关发电厂厂用电解列的规定，应书面报地调备案。

9.5.5 线路事故处理

（1）线路跳闸后（包括重合不成），为加速事故处理，值班调度员可不查明事故原因，在确认站内间隔设备无异常后可立即进行一次强送（确认永久性故障者除外）。对新启动投产线路和全电缆线路，一般不进行强送。若要对新投产线路跳闸后进行强送最终应得到启动总指挥的同意。非全程电缆线路（部分是架空线路）重合闸正常是否投跳，应在线路投产时予以明确，线路跳闸后是否进行强送应根据故障点的判断而定。在对故障线路强送前，应考虑以下事项：

1）正确选择强送端，防止电网稳定遭到破坏。在强送前，要检查有关主干线路的输送功率在规定的限额内。

2）强送电的开关设备要完好，并尽可能具有全线快速动作的继电保护。

3）对大电流接地系统，强送端变压器的中性点应接地，如对带有终端变压器的 220kV 线路强送，则终端变压器中性点应接地。

4）联络线路跳闸，强送一般选择在大电网侧或采用鉴定无电压重合闸的一端，并检查另一端的断路器确实在断开位置。如强送不成，值班调度员为处理电网事故需要还可再强送一次，但一般宜采用零起升压的办法。

5）如跳闸属多级或越级跳闸者，视情况可分段对线路进行强送。

6）终端线路跳闸后，重合闸不动作，在确定线路无电的情况下，变电运维站（班）人员。可不经调度指令立即强送一次。如强送不成根据值班调度员指令可以再试送一次，充电线路跳闸后，应立即报告值班调度员，听候处理。

7）重合闸停用的线路跳闸后，调度机构值班监控员、变电运维站（班）或发电厂运行人员应立即汇报地调值班调度员，由地调值班调度员决定是否强送。

8）设备主管单位每年应根据电网短路电流计算结果校核断路器允许切除故障的次数，将结果上报调度机构，并作为修订现场规程的依据。每相断路器实际切除的次数，现场值班人员应做好记录并保持准确。线路跳闸能否送电，强送成功是否需停用重合闸，或断路器切除次数是否已到规定数，发电厂、变电站或变电运维站（班）值班人员应根据现场规定，向有关调度汇报并提出要求。

（2）有带电作业的线路故障跳闸后，强送电规定如下：

1）输电工区、县调未向地调值班调度员提出故障跳闸后不得强送者按上述有关规定，可以进行强送；

2）已向地调值班调度员提出要求停用重合闸或线路跳闸后不经联系不得强送者，现场工作负责人一旦发现线路上无电时，不管何种原因，均应迅速报告有关调度，说明能否进行强送，由地调值班调度员决定是否强送电；

3）对重合闸或强送有要求的线路带电作业，应在得到值班调度员的许可后，才能开始工作，带电作业结束后应及时汇报。

（3）在线路故障跳闸后，地调值班调度员发布巡线指令的规定如下：

1）值班调度员应将故障跳闸时间、故障相、故障测距等继电保护动作情况告诉巡线单位，尽可能根据故障录波器的测量数据提供故障的范围。地调值班调度员在转许可省调巡线指令时，应将省调提供的信息记录在案，并告知巡线单位。属于由多个单位运行维护的线路，值班调度员应向所有单位发布巡线指令。运维单位应尽快安排落实巡线工作，长度 50km 左右及以内的线路一般应在 5 个工作日内完成巡线工作。线路较长、巡线工作要求较为复杂的，可适当延长，但最迟不应超过 10 个工作日。

2）值班调度员发布巡线指令时，应说明线路是否带电。

3）值班调度员发布的巡线指令有事故线路快巡、事故带电巡线、事故停电巡线及事故线路抢修。四种指令不应同时许可。无论何种巡线指令，巡线单位均应及时回复调度最后的巡线结果和结论。

4）事故带电巡线指令的调度管理应参照线路带电作业的调度管理。在地调发布该指令后，等同于许可了该线路的带电作业。

（4）联络线输送潮流超过线路或线路设备的热稳定、暂态稳定或继电保护等限额时，应迅速降至限额之内，处理办法如下：

1）增加该联络线受端发电厂的出力；

2）降低该联络线送端发电厂的出力；

3）在该联络线受端进行限电或拉电，值班调度员应按电网实际运行情况合理确定拉、限电地点和数量；

4）改变电网接线，使潮流强迫分配。

线路强送基本流程，如图9-4所示。

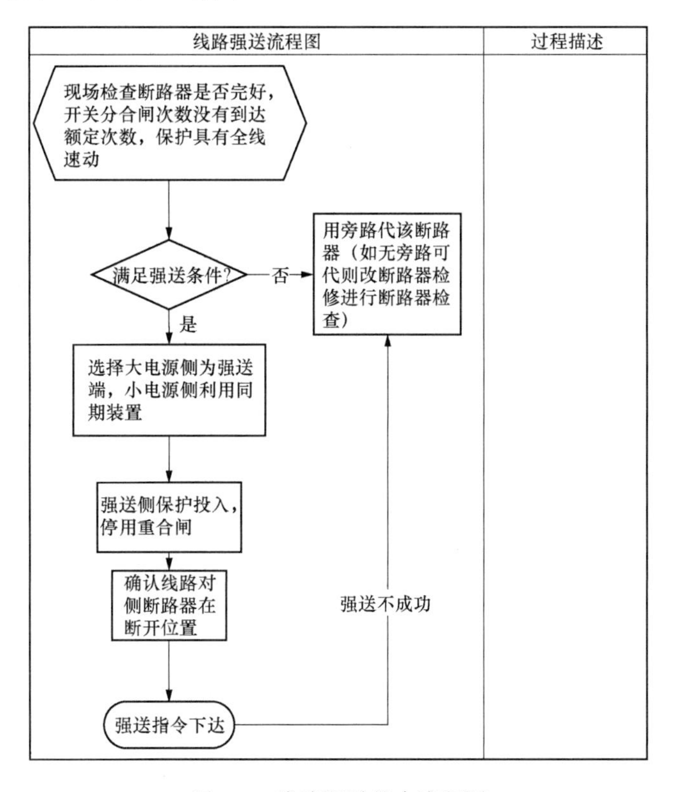

图9-4 线路强送基本流程图

9.5.6 变压器及电压互感器事故处理

变压器断路器跳闸时，值班调度员应根据变压器保护动作情况进行处理。

（1）重瓦斯和差动保护同时动作跳闸，未查明原因和消除故障之前不得强送。

（2）差动保护动作跳闸，经外部检查无明显故障，变压器跳闸时电网又无冲击，如有条件可用发电机零起升压。如电网急需，经设备主管公司生产分管领导同意可试送一次。

（3）重瓦斯保护动作跳闸后，即使经外部检查和瓦斯检查无明显故障也不允许强送。除非已找到确切依据证明重瓦斯误动方可强送。如找不到确切原因，则应测量变压器线圈的直流电阻，进行油的色谱分析等补充试验证明变压器良好，经设备主管公司生产分管领导同意后才能强送。

（4）变压器后备保护动作跳闸，经外部检查无异常可以强送一次。

（5）变压器过负荷及其他异常情况，按现场规程规定进行处理。

变压器事故处理基本流程，如图 9-5 所示。

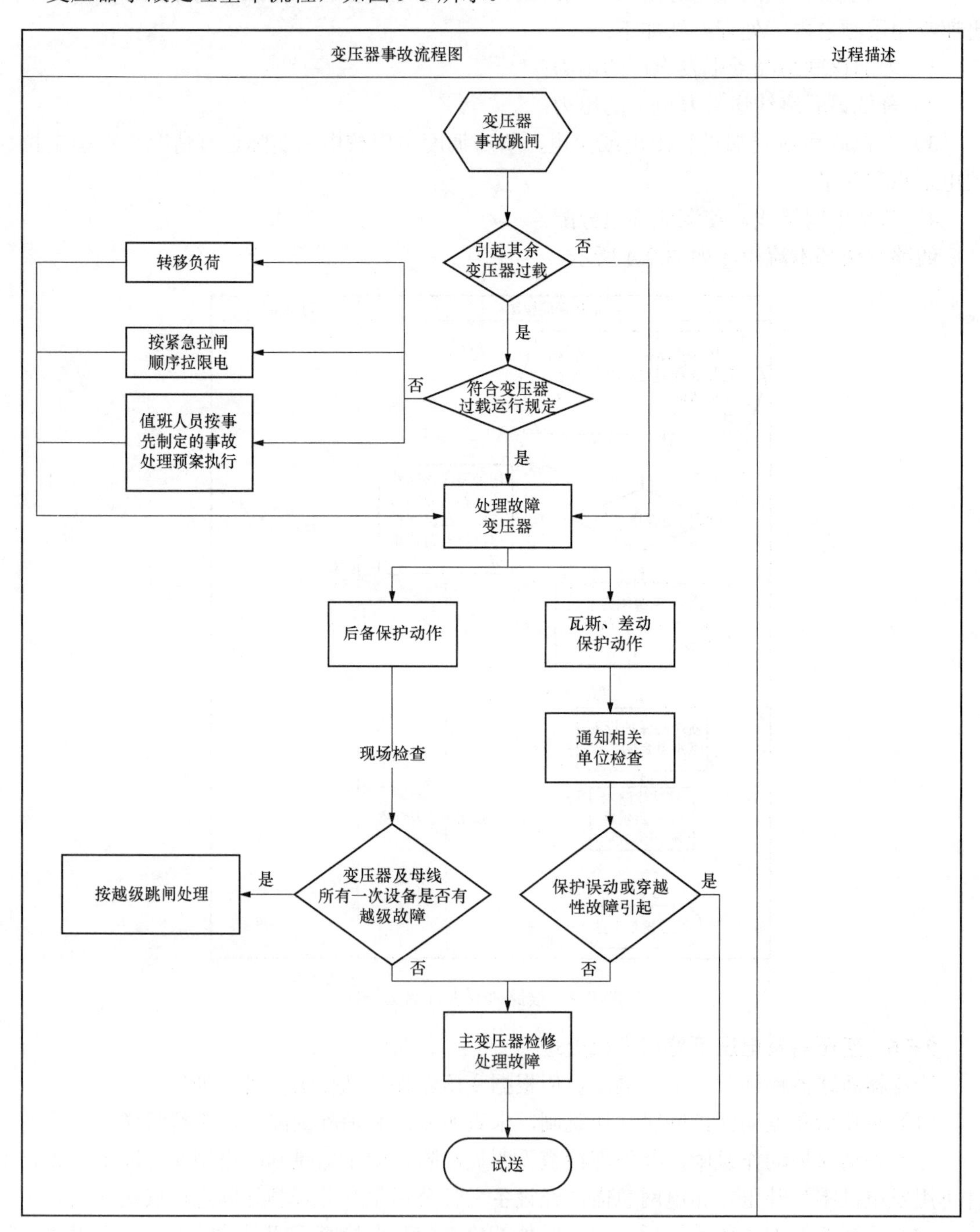

图 9-5 变压器事故处理基本流程图

电压互感器发生异常情况可能发展成故障时，应按以下原则处理：

（1）不得用近控方法操作异常运行的电压互感器的高压隔离开关。

（2）不得将异常运行的电压互感器的二次回路与正常运行的电压互感器二次回路进行并列。

（3）不得将异常运行的电压互感器所在母线的母差保护停用或将母差改为非固定连接（单母差方式）。

（4）异常运行的电压互感器高压隔离开关可以远控操作时，可用高压隔离开关进行远控隔离。

（5）母线电压互感器无法采用高压隔离开关进行隔离时，可用断路器切断其所在母线的电源，然后隔离故障电压互感器。

（6）线路电压互感器无法采用高压隔离开关进行隔离时，直接用停役线路的方法隔离故障电压互感器。此时的线路停役操作，应正确选择解环端。对于联络线，一般选择用对侧断路器进行线路解环操作。

9.5.7 发电机事故处理

发电机内部故障时，均按现场事故处理规程的规定进行处理。

发电机失去励磁时的处理方法如下：

（1）经过试验证明允许无励磁运行，且不会使电网失去稳定者，在电网电压允许的情况下，可不急于立即停机，而应迅速恢复励磁，一般允许无励磁运行 30min，其允许负荷由试验决定；

（2）经无励磁运行试验或经证明不允许无励磁运行的机组，在失去励磁时，应立即与电网解列；

（3）当发电机进相运行或功率因数较高时，由于电网干扰而引起失步者，应立即减少发电机有功，增加励磁，从而使发电机重新拖入同步，若无法恢复同步时，可将发电机解列后，重新并入电网；

（4）发电机允许的持续不平衡电流值，应遵守制造厂的规定。

9.5.8 母线事故处理

母线故障的迹象是母线保护动作断路器跳闸，并出现由于故障引起的声、光、信号等。当母线发生故障停电后，值班监控员应立即报告值班调度员，并提供动作关键信息：是否有间隔失灵保护动作、是否同时有线路保护动作、是否有间隔开关位置指示仍在合闸位置。同时联系变电运维站（班）对停电母线进行外部检查，并把检查结果报告值班调度员（如母线故障系对侧跳闸切除故障，现场人员应自行拉开故障母线全部电源开关），值班调度员按下列原则进行处理：

（1）找到故障点并能迅速隔离的，在隔离故障后对停电母线恢复送电。若判断确定为某断路器拒动（或重燃），应立即将该断路器改为冷备用。

（2）找到故障点但不能很快隔离的，若系双母线中的一组母线故障时，应迅速对故障母线上的各元件检查，确无故障后，冷倒至运行母线并恢复送电，对联络线要防止非同期合闸。

（3）经外部检查找不到故障点时，应用外来电源对故障母线进行试送电。对于发电厂母线故障，有条件时可对母线进行零起升压。

（4）如只能用本厂（站）电源进行试送电的，试送时，试送断路器应完好，并具有速断保护后进行试送。

（5）双母线中的一组母线故障，用发电机对故障母线进行零起升压时，或用外来电源对故障母线试送时，应停用母差保护。如母差要继续投用，应做好相应的安全措施。

（6）GIS 母线或母线上设备发生故障，若调控人员发现异常信号应立即通知运维人员到现场检查，现场运维人员应检查母线及连接在母线上各气室的压力是否正常，检查失压母线上所接各断路器的实际位置。无法发现故障点，或故障点未明确之前，不得进行倒排操作（不得将跳闸断路器倒至正常母线上运行）。原因不明时不得对母线进行冲击试验，并通知检修人员进行处理。

9.5.9　发电厂、变电站母线失电的事故处理

母线失电是指母线本身无故障而失去电源，一般是由于电网故障，继电保护误动或该母线上出线、变压器等设备本身保护拒动，而使连接在该母线上的所有电源越级跳闸所致。对于判别母线失电的依据是同时出现下列现象：

（1）该母线的电压表指示消失；

（2）该母线的各出线及变压器负荷消失（主要看电流表指示为零）；

（3）该母线所供厂用电或所用电失电。

当发电厂母线电压消失时，无论当时情况如何，发电厂值班人员应立即拉开失压母线上全部电源开关，同时设法恢复受影响的厂用电。有条件时，利用本厂机组对空母线零起升压，成功后将发电厂（或机组）恢复与电网并列，如对停电母线进行试送，应尽可能利用外来电源。

当变电站母线电压消失时，经判断并非由于本变电站母线故障或线路故障断路器拒动所造成，现场值班人员应立即向值班调度员汇报，并根据调度要求自行完成下列操作：

（1）单电源变电站可不作任何操作，等待来电；

（2）多电源变电站为迅速恢复送电并防止非同期合闸，应拉开母联断路器或母分断路器并在每一组母线上保留一个电源开关，其他电源开关全部拉开（并列运行变压器中、低压侧应解列），等待来电；

（3）馈电线断路器一般不拉开；

（4）发电厂或变电站母线失电后，现场值班人员应根据断路器失灵保护或出线、主变压器保护的动作情况检查是否系本厂、站断路器或保护拒动。若查明系本厂、站断路器或保护拒动，则将失电母线上的所有断路器拉开，对于无法拉开的断路器将其隔离，然后利用主变压器或母联断路器恢复对母线充电。充电前至少应投入一套速动或限时速动的充电解列保护（或临时改定值）。

9.5.10　电网解列事故处理

部分电网解列后，事故处理原则如下：

如解列断路器两侧均有电压，并具备同期并列条件时，调度机构值班监控员无需等待值班调度员指令，可自行遥控操作恢复同期并列；对于发电厂或处于有人值班的变电站，如解列断路器两侧均有电压，并具备同期并列条件时，运维人员无需等待值班调度员指令，可自行恢复同期并列。

解列后，解列部分电网的频率和电压调整应遵照本规定执行。为了加速同期并列，可采取下列措施：

（1）调整解列电网的频率，当无法调整时，再调整正常电网的频率；

（2）将频率较高部分电网降低其频率，但不得低于 49.5Hz；

（3）将频率较低部分电网的负荷短时停电切换至频率较高部分的电网；

（4）将频率较高部分电网的部分机组与电网解列，然后再与频率较低部分电网并列；

（5）在频率较低部分电网中切除部分负荷；

（6）如有可能，可启动备用机组与频率较低部分电网并列；

（7）在电网事故情况下，为加速处理，允许两个电网频率相差 0.5Hz、电压相差 20%进行同期并列。

9.5.11 电网振荡事故处理

电网振荡时的一般现象如下：

（1）发电机、变压器及联络线的电流表、电压表、功率表周期性地剧烈摆动，发电机和变压器在表计摆动的同时，发出有节奏的嗡鸣声；

（2）去同期的发电厂与电网间的联络线的输送功率表、电流表将大幅度往复摆动；

（3）振荡中心电压周期性的降至接近零，其附近的电压摆动最大，随着离振荡中心距离的增加，电压波动逐渐减小，白炽照明随电压波动有不同程度的明暗现象；

（4）送端部分电网的频率升高，受端部分电网频率降低并略有摆动。

电网振荡产生的主要原因如下：

（1）电网发生严重故障，因故障切除时间过长，造成电网稳定破坏；

（2）大机组失磁，再同步失效，引起电压严重下降，导致邻近电网失去稳定；

（3）网受端失去大电源或送端甩去大量负荷且受端发电厂功率调整不当，引起联络线输送功率超过静稳定极限造成电网静稳定破坏；

（4）环状网络或多回路线路中，一回线路故障跳闸后电网等值阻抗增大，且其他线路输送功率大量增加，超过静稳定极限，造成电网事故后静稳定破坏；

（5）大容量机组跳闸，使电网等值阻抗增加，并使电网电压严重下降，造成联络线稳定极限下降，引起电网稳定破坏；

（6）电网发生多重故障；

（7）其他因素造成稳定破坏。

电网稳定破坏的处理办法如下：

（1）利用人工方法进行再同步。

（2）在下列情况下，应自动或手动解列事先设置的解列点：

1）非同步运行时，通过发电机的振荡电流超出允许范围，可能致使重要设备损坏；

2）主要变电站的电压波动低于额定值的 75%可能引起大量甩负荷；

3）采取人工再同步（包括有自动调节措施）3～4min 内未能恢复同步运行；

4）当整个电网（或多部分）发生非同步运行，其损失将更大。

（3）电网发生振荡时，任何发电厂都不得无故从电网解列，在频率或电压严重下降威胁到厂用电的安全时，可按各厂现场事故处理规程中低频、低压保厂用电的办法处理；

（4）若由于发电机失磁而引起电网振荡时，现场值班人员应立即将失磁的机组解列。

为便于值班调度员迅速、正确地处理电网振荡事故，防止电网瓦解，有条件时应事先设置振荡解列点。当采用人工再同步无法消除振荡时，可手动拉开解列点开关。

9.5.12　通信中断时电网调度办法及事故处理

地调与直接调度的发电厂或变电运维站（班）、变电站之间通信中断时（指调度电话、系统电话、市内电话、移动电话），地调可通过有关上下级调度转达调度业务。

当发电厂或变电运维站（班）、变电站与各级调度通信中断时，可采取以下方法处理：

（1）有调频任务的发电厂，仍负责调频工作，其他各发电厂按有关规定协助调频，各发电厂还应按规定的电压曲线调整电压。

（2）并网发电厂的出力，应按照最近的机组计划出力曲线执行，厂内如有备用容量，应根据电网频率、电压及联络线潮流等情况由发电厂掌握使用。一切预先批准的计划检修项目，此时都应停止执行。

（3）发电厂与变电站的主接线，应尽可能保持不变。

（4）正在进行检修的厂、站内部（不包括线路断路器、隔离开关设备），通信中断期间检修工作结束可以复役时，在不影响主电网运行方式、继电保护整定配合及电网潮流不超过规定限额的情况下，可以投入运行，否则只能转为备用。

若电网发生事故，发电厂、变电运维站（班）、变电站、各级调度与地调通信中断，同时发电厂、变电运维站（班）、变电站与省调、县调通信也中断，发电厂、变电运维站（班）、变电站可根据相关规程和现场事故处理规程迅速进行必要处理，并应采取一切可能的办法与地调取得联系，必要时可用交通工具尽快与地调取得联系。

事故时凡能与地调取得联系的县调和发电厂、变电运维站（班）、变电站都有责任转达地调的调度指令和联系事项。

9.5.13　自动化系统异常时调度工作及事故处理

调度自动化系统异常并影响到地调值班监控员对系统电压调整时，地调值班监控员应立即停用 AVC 系统，通知运维单位对相关厂站的电压进行人工调整。

调度自动化系统异常并影响到值班调度员正常系统操作或事故处理时，值班调度员应采取以下措施：

（1）暂缓正常的系统操作；

（2）对于改善系统运行方式的重要操作及事故处理应及时进行，但此时应与现场仔细核对运行方式；

（3）根据应急预案采取相应的电网监视和控制措施。

因调度自动化系统异常影响到值班调度员对数据的统计及管理时，值班调度员应及时与自动化值班人员联系，自动化值班人员应及时通知有关人员处理，短时无法恢复时应采用人工方法统计生产数据，保证调度工作的正常进行。

9.5.14　接地故障处理

当中性点不接地系统发生单相接地时，值班调度员应根据接地情况（接地母线、接地相、接地信号、电压水平等异常情况）及时处理。

应尽快找到故障点，并设法排除、隔离。

永久性单相接地允许继续运行，但一般不超过 2h。

寻找单相接地的顺序：

（1）配有完好接地选线装置的变电站，可根据其装置反映情况来确定接地点；

（2）将电网分割为电气上互不相连的几部分；

（3）停空载线路和电容器、电抗器组；

（4）试跳（或试拉）线路长、分支多、负荷轻、历史事故多且不重要的线路；

（5）试跳（或试拉）分支少、负荷重的线路，最后停重要用户线路，但要首先通知该用户，在紧急情况下，重要用户来不及通知，可先试跳（或试拉）线路，事后通知客户服务中心；

（6）双母线的变电站，对重要用户的线路不能停电时，可采用倒母线的方法来寻找；

（7）对接地母线及有关设备详细检查。

试跳（或试拉）电厂联络线时，电厂侧断路器应断开。

在寻找单相接地故障时，必须注意：

（1）接地故障的线路，有负荷可调出的应立即调出；

（2）严禁在接地的电网中操作消弧线圈；

（3）禁止用隔离开关断开接地故障；

（4）保护方式或定值是否变更；

（5）设备是否可能过负荷或因过负荷跳闸；

（6）防止电压过低影响用户；

（7）消弧线圈网络补偿度是否合适；

（8）查出故障点，应迅速处理；

（9）小电流接地系统，当判明是系统谐振时，值班调度员可改变电网参数予以消除。严禁采用隔离开关操作电压互感器改变电感参数的方法。

双路高压供电用户，当系统发生异常运行，在电源倒换操作时，不经后果分析判断，严禁将故障线路并入非故障线路。

以 35kV 电压等级为例，接地事故处理简单流程，如图 9-6 所示。

9.5.15　系统内部过电压的处理

当向接有电磁式电压互感器的空载母线或线路充电，产生铁磁谐振过电压（三相电压不平衡，一相或两相超过相电压），可按下述措施处理：

（1）切断充电开关，改变操作方式；

（2）投入母线上的线路；

（3）投入母联改变接线；

（4）投入母线上的备用变压器；

（5）对空母线充电前，可在母线 TV 二次侧开口三角处接电阻。

由于操作或事故引起电网发生工频谐振过电压（三相电压同时升高有节奏摆动）按下述原则处理：

（1）手动或自动投入专用消谐装置；

（2）恢复原系统；

（3）投入或切除空载线路；

（4）改变运行方式；

（5）必要时可拉负荷性质次要的长线路。

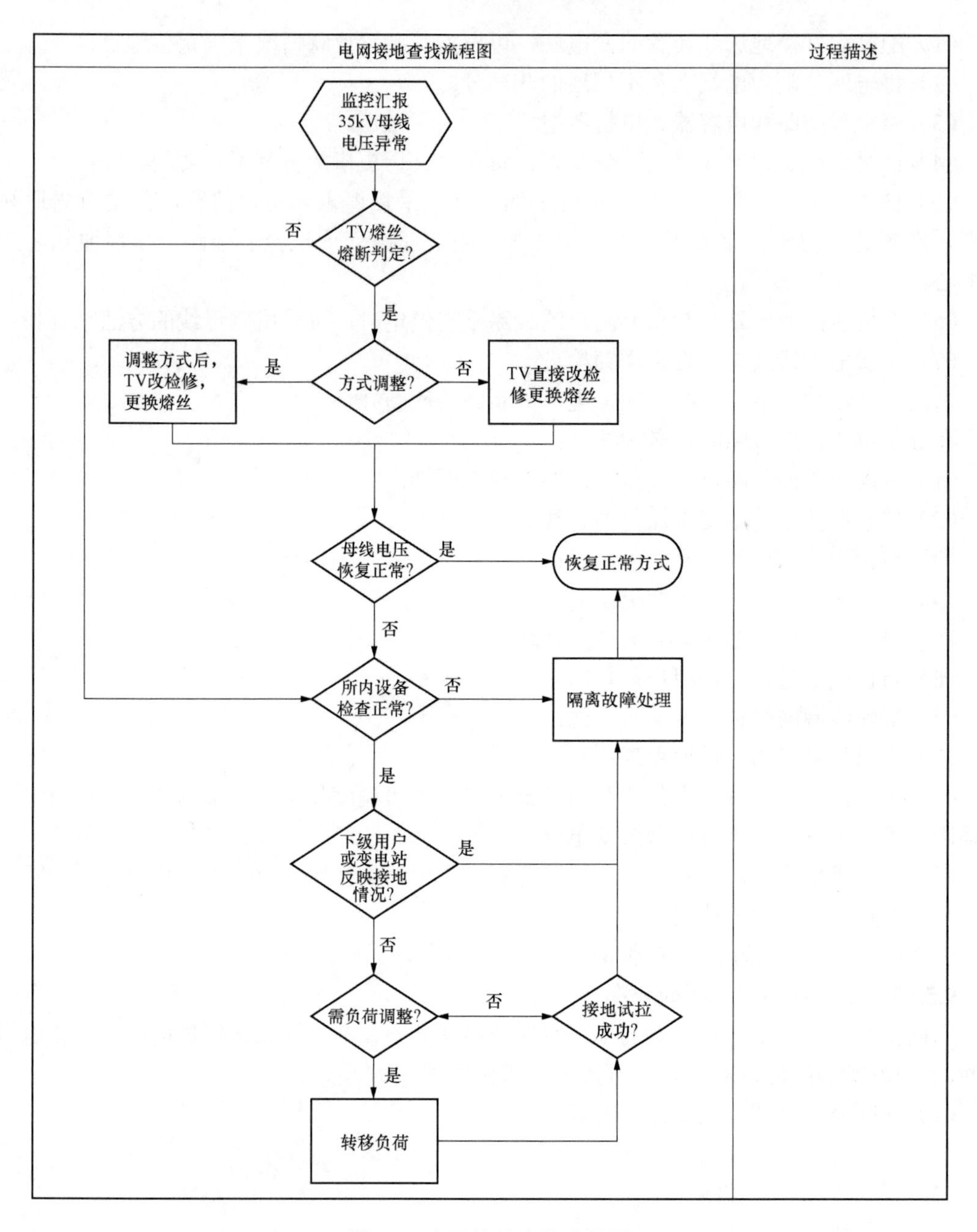

图 9-6 电网接地查找流程图

9.5.16 无功补偿设备事故处理

电容器、电抗器断路器跳闸未经检查前不得强送。

9.6 设备投运和退役

9.6.1 基本原则

地调调度和许可的设备在新、扩、改建工程施工过程中，工程建设主管单位应在计划投运前按照《市级供电企业新设备启动调度管理规定》的要求及时把有关施工设计图纸、监控信息表等资料书面报送地调。资料报送时间要求：35kV及以上工程3个月、10kV及以下工程2个月。属上级调度的设备还应按规定报送上级调度。

9.6.2 新设备投产启动必须具备的条件

（1）发电厂和直接调度用户已取得有关政府部门颁发的法定许可证，满足国家、行业、浙江电网的技术标准和管理规范，具备并网运行技术条件，涉网设备应按规定验收合格；

（2）已签订《并网调度协议》；

（3）设备竣工验收结束，质量符合安全运行要求；

（4）设备载流能力经运检部门核定，并提交正式材料；

（5）设备参数测量完毕（除需在启动过程中测试者外）；

（6）生产准备工作就绪，运行人员考核合格，规程、制度、图纸齐全；

（7）现场新设备已命名，调度关系明确，标记明显；

（8）新、扩、改建工程的二次设备（继电保护、通信、自动化）应与一次设备同步规划、同步建设、同步投运。

9.6.3 新设备投产启动资料准备

新建、扩、改建工程应由所属运行单位在投入运行前1个月提出新设备投产报告，并应附下列资料：

（1）主要设备规范、参数；

（2）负荷资料；

（3）投运设备名称、启动投产申请日期、启动范围、试验项目及要求（包括冲击、核相和带负荷试验等）；

（4）变电站所属变电运维站（班）及运维人员名单；

（5）新设备有关技术资料、现场运行规程和典型操作票；

（6）属用户资产的设备投运由营销部门（用户）办理新设备投运申请手续，并担任工作负责人。

9.6.4 启动方案

地调依据新设备投产报告及系统的实际情况，编制新设备投产启动方案。提前一周以书面形式发送有关单位，以便各有关单位做好准备。主要内容包括：

（1）投产启动工作的组织机构；

（2）启动日期；

（3）设备命名及调度关系划分；

（4）设备启动范围，启动前状态、条件及启动前相关方式；

（5）投产启动的步骤和有关要求（包括设备冲击范围、阶段、操作步骤、核相、继电保护配置、带负荷试验项目和方式）；

（6）确定主变压器分接头（包括消弧线圈分接头）位置；

（7）确定投入系统后的正常运行方式及保护配置。

9.6.5 设备退役条件

（1）一次设备需与各来电侧均有明显拆断点。

（2）二次设备原则上与一次设备同步退役。退役的二次设备应断开与运行设备相关联的所有二次回路，必要时拆除装置及所有相关二次回路。

（3）发电厂的调度管辖（许可）设备退役时，发电厂应在设备退役前 1 个月向相应调度机构提出申请，设备退役后，发电厂应及时与相关电网调度机构办理《并网调度协议》的废止、修改手续。

第10章 监控工作规范

10.1 设备监控范围

10.1.1 监控范围划分原则

（1）地、县调度监控界限划分，应采用调度、监控范围一致原则；

（2）监控范围仅限于监控信息符合调控运行接入标准，并接入调度集中运行监控系统的输、变、配电设备，未经集中监控许可的输、变、配电设备由设备运维单位负责监控；

（3）各级调度机构可以进行监控范围内具备遥控操作条件的一次设备单一开关倒闸操作，主变压器分接开关遥调操作，其他设备操作由运维单位负责；

（4）对满足“双确认”条件的，可推行 35kV 及以下电压等级重合闸、备自投装置投退的远方操作。

10.1.2 地调监控范围

地域内 220、110kV 和城区范围 35kV 输变电设备由地调集中监控。

10.2 监控信息分类及处置

10.2.1 监控信息分类

监控信息分为事故、异常、越限、变位、告知五类。

（1）事故信息是由于电网故障、设备故障等，引起断路器跳闸（包含非人工操作的跳闸）、保护及安控装置动作出口跳合闸的信息，以及影响全站安全运行的其他信息。是需实时监控、立即处理的重要信息。

（2）异常信息是反应设备运行异常情况的报警信息和影响设备遥控操作的信息，直接威胁电网安全与设备运行，是需要实时监控、及时处理的重要信息。

（3）越限信息是反映重要遥测量超出报警上下限区间的信息。重要遥测量主要有设备有功、无功、电流、电压、主变压器油温、断面潮流等，是需实时监控、及时处理的重要信息。

（4）变位信息特指开关类设备状态（分、合闸）改变的信息。该类信息直接反映电网运行方式的改变，是需要实时监控的重要信息。

（5）告知信息是反应电网设备运行情况、状态监测的一般信息。主要包括隔离开关、接地开关位置信息、主变压器运行挡位，以及设备正常操作时的伴生信息（该类信息需定期查询）。

10.2.2 监控信息处置

监控信息处置以“分类处置、闭环管理”为原则，分为信息收集、实时处置、分析处理三个阶段。各类信息分类及处置原则见表 10-1。

表 10-1　　　　各类信息分类及处置原则

监控信息	信息定义	信息处置原则
事故信息	反映各类事故的监控信息，包括： （1）全站事故总信息； （2）单元事故总信息； （3）各类保护、安全自动装置动作出口信息； （4）开关异常变位信息	（1）监控员收集到事故信息后，按照有关规定及时向相关调度汇报，并通知运维单位检查。 （2）运维单位在接到监控员通知后，应及时组织现场检查，并进行分析、判断，及时向相关调控中心汇报检查结果。 （3）事故信息处置过程中，监控员应按照调度指令进行事故处理，并监视相关变电站运行工况，跟踪了解事故处理情况。 （4）事故信息处置结束后，变电运维人员应检查现场设备运行状态，并与监控员核对设备运行状态与监控系统是否一致，相关信号是否复归。监控员应对事故发生、处理和联系情况进行记录，并按相关规定展开专项分析，形成分析报告
异常信息	反映电网设备非正常运行状态的监控信息，包括： （1）一次设备异常告警信息； （2）二次设备、回路异常告警信息； （3）自动化、通信设备异常告警信息； （4）其他设备异常告警信息	（1）监控员收集到异常信息后，应进行初步判断，通知运维单位检查处理，必要时汇报相关调度。 （2）运维单位在接到通知后应及时组织现场检查，并向监控员汇报现场检查结果及异常处理措施。如异常处理涉及电网运行方式改变，运维单位应直接向相关调度汇报，同时告知监控员。 （3）异常信息处置结束后，现场运维人员检查现场设备运行正常，并与监控员确认异常信息已复归，监控员做好异常信息处置的相关记录
越限信息	遥测量越过限值的告警信息	（1）监控员收集到输变电设备越限信息后，应汇报相关调度，并根据情况通知运维单位检查处理。 （2）监控员收集到变电站母线电压越限信息后，应根据有关规定，按照相关调度颁布的电压曲线及控制范围，投切电容器、电抗器和调节变压器有载分接开关，如无法将电压调整至控制范围内时，应及时汇报相关调度
变位信息	各类开关、装置软压板等状态改变信息	监控员收集到变位信息后，应确认设备变位情况是否正常。如变位信息异常，应根据情况参照事故信息或异常信息进行处置
告知信息	一般的提醒信息，包括保护连接片投/退，保护装置、故障录波器、收发信机的启动、隔离开关变位、主变压器分接开关挡位变化等信息	（1）调控中心负责告知类监控信息的定期统计，并向运维单位反馈。 （2）运维单位负责告知类监控信息的分析和处置

10.3　输变电设备状态在线监测

10.3.1　术语和定义

（1）监测装置：指安装在被监测设备附近或之上，能自动采集处理被监测设备的状态数据，并能和状态监测代理、综合监测单元或状态接入控制器进行信息交换的一种数据采集、处理与通信装置。

（2）正常信息：表示输变电设备状态量稳定，设备对应状态正常。

（3）报警信息：表示输变电设备状态量超过相关标准限值，或变化趋势明显。设备可能存在缺陷，并有可能发展为故障，需采取相应措施。

10.3.2 变电在线监测实时监控信息

（1）变电设备在线监测系统根据监测装置所监测的变电设备状态量的幅值大小或变化趋势，将监测的信息分为正常信息、预警信息和报警信息三类，调控中心仅监控报警类信息。

（2）变电设备在线监测调控中心监测信息范围。

1）变压器：

①变压器油中溶解气体（H_2、C_2H_2、CH_4、总烃、C_2H_4、C_2H_6、CO）；

②主变压器铁芯电流。

2）断路器：断路器 SF_6 气体压力及水分（六氟化硫微水/密度）。

3）避雷器：

①避雷器泄漏电流；

②避雷器阻性电流。

4）电流互感器：

①电流互感器电容量；

②电流互感器泄漏电流。

5）母线电压互感器：电容量。

6）线路电压互感器：电容量。

7）隔离开关：触头温度。

8）GIS 设备：SF_6 气体压力及水分（六氟化硫微水/密度）。

10.3.3 输电在线监测系统实时监控信息

（1）输电在线监测系统根据监测装置所监测的输电设备状态量的幅值大小或变化趋势，将监测的信息分为一级告警、二级告警、三级告警三类。调控中心仅监控一级告警信号。

（2）输电线路设备在线监测调控中心监测信息范围。

1）杆塔倾斜相关参数；

2）覆冰相关参数；

3）导线温度相关参数；

4）电缆护层环流相关参数。

10.3.4 地调监控职责

地区调控中心负责对 220、110kV 输电线路一级告警和变电站设备报警类的在线监测数据进行监控，发现在线监测告警后按相关流程通知到运行单位（变电通知运维站，线路通知线路监控中心）；运行单位负责接收调控中心通知的输变电设备告警信息，并通知检修公司组织处理。图 10-1 为输变电设备状态在线监测告警信息及处理情况。

10.3.5 输变电设备状态监测系统告警事件具体处理流程和要求

（1）地区调控中心发现系统告警后，应及时通知本单位检修公司的输变电运行人员。

（2）地区检修公司的输变电运行人员根据调控中心的告警通知或现场巡检发现的设备告警信息，于一个工作日内在主站系统中登记该告警事件，并通过主站系统的事件处理流程报送给地区检修单位。

（3）省电科院和地区检修单位数据监视时发现设备告警后，于一个工作日内在主站系统中登记该告警事件，并通过主站系统事件处理流程报送给设备对应检修单位。

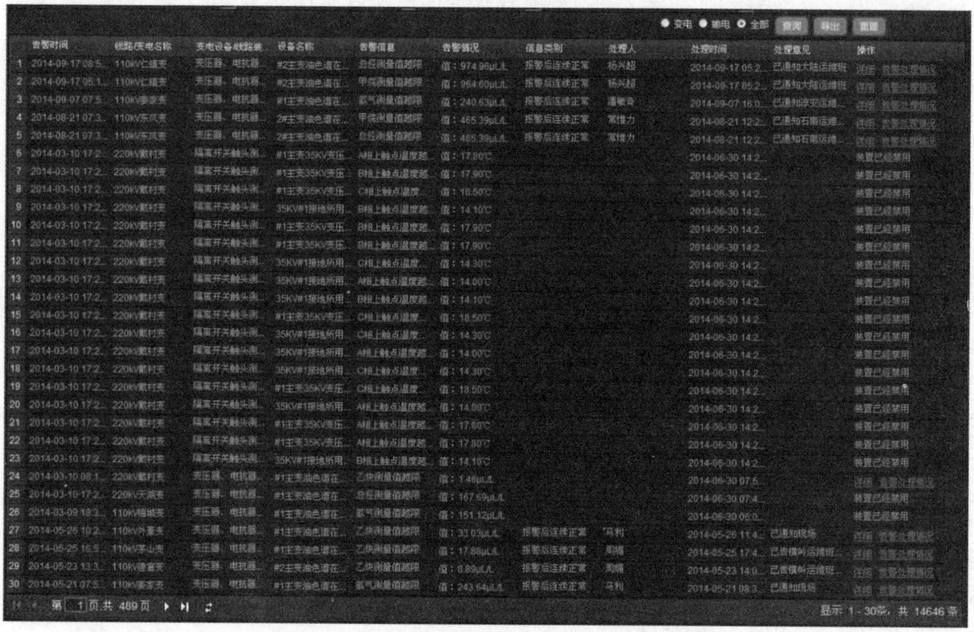

变电　输电　全部　查询　导出　重置

	告警时间	线路/变电名称	变电设备/线路巡...	设备名称	告警信息	告警情况	信息类别	处理人	处理时间	处理意见	操作
1	2014-09-17 08:5...	110KV[illegible]变	变压器、电抗器...	#2主变油色谱在...	总烃测量值越限	值：974.96μL/L	报警后连续正常	杨兴超	2014-09-17 05:2...	已通知大陆运维班	详细　告警处理情况
2	2014-09-17 05:1...	110KV[illegible]变	变压器、电抗器...	#2主变油色谱在...	甲烷测量值越限	值：964.60μL/L	报警后连续正常	杨兴超	2014-09-17 05:2...	已通知大陆运维班	详细　告警处理情况
3	2014-09-07 07:5...	110KV[illegible]变	变压器、电抗器...	#1主变油色谱在...	氢气测量值越限	值：240.63μL/L	报警后连续正常	[illegible]	2014-09-07 16:0...	已通知[illegible]运维...	详细　告警处理情况
4	2014-08-21 07:3...	110KV东风变	变压器、电抗器...	2#主变油色谱在...	甲烷测量值越限	值：465.39μL/L	报警后连续正常	[illegible]	2014-08-21 12:2...	已通知石[illegible]运维...	详细　告警处理情况
5	2014-08-21 07:3...	110KV东风变	变压器、电抗器...	2#主变油色谱在...	总烃测量值越限	值：465.39μL/L	报警后连续正常	[illegible]	2014-08-21 12:2...	已通知石[illegible]运维...	详细　告警处理情况
6	2014-03-10 17:2...	220KV[illegible]变	隔离开关触头测...	#1主变35KV变压...	A相上触点温度越...	值：17.80℃			2014-06-30 14:2...		装置已经禁用
7	2014-03-10 17:2...	220KV[illegible]变	隔离开关触头测...	#1主变35KV变压...	B相上触点温度越...	值：17.90℃			2014-06-30 14:2...		装置已经禁用
8	2014-03-10 17:2...	220KV[illegible]变	隔离开关触头测...	#1主变35KV变压...	C相上触点温度...	值：18.50℃			2014-06-30 14:2...		装置已经禁用
9	2014-03-10 17:2...	220KV[illegible]变	隔离开关触头测...	35KV#1接地所用...	B相上触点温度越...	值：14.10℃			2014-06-30 14:2...		装置已经禁用
10	2014-03-10 17:2...	220KV[illegible]变	隔离开关触头测...	#1主变35KV变压...	B相上触点温度越...	值：17.90℃			2014-06-30 14:2...		装置已经禁用
11	2014-03-10 17:2...	220KV[illegible]变	隔离开关触头测...	#1主变35KV变压...	B相上触点温度越...	值：17.90℃			2014-06-30 14:2...		装置已经禁用
12	2014-03-10 17:2...	220KV[illegible]变	隔离开关触头测...	35KV#1接地所用...	C相上触点温度...	值：14.30℃			2014-06-30 14:2...		装置已经禁用
13	2014-03-10 17:2...	220KV[illegible]变	隔离开关触头测...	35KV#1接地所用...	A相上触点温度越...	值：14.00℃			2014-06-30 14:2...		装置已经禁用
14	2014-03-10 17:2...	220KV[illegible]变	隔离开关触头测...	35KV#1接地所用...	B相上触点温度越...	值：14.10℃			2014-06-30 14:2...		装置已经禁用
15	2014-03-10 17:2...	220KV[illegible]变	隔离开关触头测...	#1主变35KV变压...	C相上触点温度...	值：18.50℃			2014-06-30 14:2...		装置已经禁用
16	2014-03-10 17:2...	220KV[illegible]变	隔离开关触头测...	35KV#1接地所用...	C相上触点温度...	值：14.30℃			2014-06-30 14:2...		装置已经禁用
17	2014-03-10 17:2...	220KV[illegible]变	隔离开关触头测...	35KV#1接地所用...	A相上触点温度越...	值：14.00℃			2014-06-30 14:2...		装置已经禁用
18	2014-03-10 17:2...	220KV[illegible]变	隔离开关触头测...	35KV#1接地所用...	C相上触点温度...	值：14.30℃			2014-06-30 14:2...		装置已经禁用
19	2014-03-10 17:2...	220KV[illegible]变	隔离开关触头测...	#1主变35KV变压...	C相上触点温度...	值：18.50℃			2014-06-30 14:2...		装置已经禁用
20	2014-03-10 17:2...	220KV[illegible]变	隔离开关触头测...	35KV#1接地所用...	A相上触点温度越...	值：14.00℃			2014-06-30 14:2...		装置已经禁用
21	2014-03-10 17:2...	220KV[illegible]变	隔离开关触头测...	#1主变35KV变压...	A相上触点温度越...	值：17.80℃			2014-06-30 14:2...		装置已经禁用
22	2014-03-10 17:2...	220KV[illegible]变	隔离开关触头测...	#1主变35KV变压...	A相上触点温度越...	值：17.80℃			2014-06-30 14:2...		装置已经禁用
23	2014-03-10 17:2...	220KV[illegible]变	隔离开关触头测...	35KV#1接地所用...	B相上触点温度越...	值：14.10℃			2014-06-30 14:2...		装置已经禁用
24	2014-03-10 08:1...	220KV[illegible]变	变压器、电抗器...	#1主变油色谱在...	乙炔测量值越限	值：1.46μL/L			2014-06-30 07:5...		详细　告警处理情况
25	2014-03-10 17:2...	220KV[illegible]变	变压器、电抗器...	#1主变油色谱在...	总烃测量值越限	值：167.69μL/L			2014-06-30 07:4...		装置已经禁用
26	2014-03-09 18:3...	110KV[illegible]变	变压器、电抗器...	#1主变油色谱在...	氢气测量值越限	值：151.12μL/L			2014-06-30 06:0...		装置已经禁用
27	2014-05-26 10:2...	110KV[illegible]变	变压器、电抗器...	#1主变油色谱在...	乙炔测量值越限	值：33.03μL/L	报警后连续正常	[illegible]	2014-05-26 11:4...	已通知现场	详细　告警处理情况
28	2014-05-25 16:5...	110KV[illegible]山变	变压器、电抗器...	#1主变油色谱在...	乙炔测量值越限	值：17.88μL/L	报警后连续正常	[illegible]	2014-05-25 17:4...	已告[illegible]运维班...	详细　告警处理情况
29	2014-05-23 13:3...	110KV[illegible]变	变压器、电抗器...	#2主变油色谱在...	乙炔测量值越限	值：8.89μL/L	报警后连续正常	[illegible]	2014-05-23 14:0...	已告[illegible]运维班...	详细　告警处理情况
30	2014-05-21 07:5...	110KV[illegible]变	变压器、电抗器...	#1主变油色谱在...	氢气测量值越限	值：243.64μL/L	报警后连续正常	[illegible]	2014-05-21 08:3...	已通知现场	详细　告警处理情况

第 1 页,共 489 页　　显示 1 - 30条，共 14646 条

图 10-1　输变电设备状态在线监测告警信息及处理情况

（4）地区检修单位于两个工作日内对接收到的告警问题进行诊断分析（必要时可结合带电检测等手段），再根据告警性质，将疑似被监测设备故障或隐患的问题转发给省电科院进行进一步的设备状态诊断分析，或者将确认装置误报警的问题直接流转到本单位的问题处理方案编制环节。

（5）省电科院在两个工作日内完成设备状态诊断分析。若该问题确认为被监测设备缺陷或隐患，则由省电科院于一个工作日内出具状态诊断报告和处理建议（重大问题报省公司运维检修部审查、批复），发给地区局进行消缺处理；若该问题确认为装置误报、短时环境干扰（如异常天气引起）而非被监测设备故障，则直接在主站系统中答复分析结果；若该问题为阈值设置不当引起的告警问题，则由省电科院于一个工作日内提出阈值调整建议，再由相关单位在两个工作日内调整该报警阈值。

（6）地区检修单位根据装置具体情况，召集相关人员于两个工作日内确定装置消缺、设备消缺、阈值调整等对应解决方案，并于五个工作日内完成问题处理。若该问题为装置缺陷或者设备缺陷，则需同时转发运行单位于三个工作日在 PMS 中进行缺陷填报和流转。

（7）问题处理结束后，由地区检修单位于一个工作日内在主站系统中对该问题的处理结果进行答复。

（8）问题已处理后，由该问题的登记单位于一个工作日内核实处理结果，并在主站系统中关闭该问题。

10.4 信息接入及新设备纳入集中监控

10.4.1 监控信息接入

10.4.1.1 术语和定义

（1）监控信息表：指变电站采集的，经由站内远动通信工作站向远方调控主站传输的信息点表，规定了上传调控主站的电网运行数据、电网故障信号、设备监控数据信息名称及其顺序等内容，主要有遥测、遥信、遥控信息表，调控主站和变电站监控系统应共同遵守；

（2）信息接入对应表：指变电站监控系统采集的原始信息与调控信息表中信息点的对应关系，这种对应关系可以是一对一的，也可以是多对一的。

10.4.1.2 地区调控中心职责

（1）负责审批所管辖范围内变电站监控信息接入（变更）的申请，负责监控信息表的发布，参与信息接入对应表的审查。组织监控信息接入调度自动化系统的验收工作，负责变电站监控信息接入的现场验收，负责现场监控接入信息与地区调控中心下达的监控接入信息的一致性工作。

（2）负责调度自动化系统主站端的数据维护、画面制作、信息联调验收等工作，确保主站端信息正确、完整。负责编制监控信息接入主站端联调报告。

（3）负责组织所管辖范围内变电站调控信息中断、故障等重要缺陷的技术调查分析。

（4）负责所管辖范围内变电站一、二次设备接入变电站监控系统信息的综合技术协调和规范工作。

（5）负责变电站继电保护、自动化等二次设备监控信息接入的规范工作。

10.4.1.3 监控信息联调准备阶段

（1）调控中心根据审核后的监控信息表调试稿、一次接线图及调度命名正式文件，在信息联调两个工作日前完成主站端图模库维护等工作；

（2）工程建设管理部门根据监控信息表调试稿组织安装调试工作，安装调试单位应在信息联调两个工作日前完成变电站端参数下装及站端调试工作；

（3）新建及整站改造工程，工程建设管理部门应在投运前 20 个工作日向相关调控中心提交监控信息接入联调申请，并附联调方案、调控信息表、变电站端监控信息调试报告等资料；

（4）改（扩）建工程，工程建设管理部门应在投运前七个工作日向相关调控中心提交监控信息接入联调申请，并附联调方案、监控信息表、变电站端监控信息调试报告等资料；

（5）调控中心应在接到联调申请后两个工作日内给予批复。

10.4.1.4 监控信息联调验收阶段

（1）根据联调时间和联调方案，调控中心和安装调试单位开展信息联调验收工作。

（2）监控信息联调验收应按电力安全工作规程要求做好相关安全措施。

（3）监控信息联调验收期间，主站和变电站联调验收应由专人负责，联调验收人员应相对固定。主站联调验收须由监控运行人员和自动化运维人员共同参加。

（4）监控信息联调验收应对监控信息逐条核对试验，逐一记录并签名留底，形成联调验收记录表，联调验收过程中主站侧电话应录音。联调验收工作结束后一周内调控中心编制完成主站联调验收报告，安装调试单位编制完成厂站联调报告并上报调控中心。

（5）监控信息联调验收过程中，若发现现场接入信息与监控信息表不一致的情况，安装调试单位应及时上报工程建设管理部门，经相关专业确认，由设计单位出具变更单或调控中心下发信息变更通知后，进行相关信息整改工作。

（6）监控信息联调验收完成后，调控中心应发布监控信息表正式稿。设计单位应将监控信息表正式稿纳入竣工图纸资料。

（7）监控信息联调验收工作应在工程验收结束前全部完成，并作为启动投产的必要条件。

10.4.1.5　监控信息现场验收阶段

（1）监控信息现场验收列为专业专项验收，验收合格作为变电站竣工验收合格的必要条件。

（2）新建或整站改造的220kV变电站应开展专项的监控信息现场验收，验收时间不少于2个工作日；110kV及以下变电站则可结合工程竣工验收进行，验收时间不少于1个工作日。

（3）验收资料包括监控信息变电站端调试记录和调试报告、与调度技术支持系统的联调验收报告、监控信息表、验收大纲等。

（4）安装调试单位提出验收申请，由调控中心组织相关单位参加验收。安装调试单位在验收前10个工作日提供验收大纲。现场验收按调控中心确认后的验收大纲开展验收工作。

（5）监控信息现场验收的主要内容：监控信息接入满足集中监控运行要求；站端数据库信息与监控信息表信息一致性；现场实际信息接入与信息接入对应关系一致性；变电站监控系统后台信息与传至远动通信工作站信息的一致性；远动通信工作站参数设置正确性；核对变电站端监控信息调试记录和调试报告、与调度技术支持系统的联调验收报告，根据现场实际情况对监控信息进行抽测试验等。

（6）验收结束后应出具验收报告。验收发现的问题应及时整改，主站端问题由调控中心负责，变电站端问题由工程建设管理部门负责督促安装调试单位及时整改，必要时履行设计变更手续。表10-2～表10-4为110kV变电站典型间隔内桥接线110kV部分监控信息表。

表10-2　　××变电站监控信息表（遥测量）

序号	监视内容	远动站内信号
1	一次测量值	110kV线路A相电流
2		110kV线路B相电流
3		110kV线路C相电流
4		110kV线路线路U_A相电压
5		110kV线路有功
6		110kV线路无功
7		110kV线路功率因数
8		110kV Ⅰ段母线A相电压
9		110kV Ⅰ段母线B相电压
10		110kV Ⅰ段母线C相电压
11		110kV Ⅰ段母线U_{AB}线电压
12		110kV Ⅰ段母线U_{BC}线电压
13		110kV Ⅰ段母线U_{CA}线电压
14		110kV Ⅰ段母线$3U_0$线电压

表 10-3 ××变电站监控信息表（遥控量）

序号	监视内容	远动站内信号
1	断路器、隔离开关位置控制	110kV 线路断路器
2		110kV 线路线路隔离开关
3		110kV 线路母线隔离开关
4		110kVⅠ（Ⅱ）段母线 TV 隔离开关

表 10-4 ××变电站监控信息表（遥信量）

序号	监视内容	远动站内信号	专业分类	分类				
				事故	异常	延时告警	告知	断路器变位
1	断路器、隔离开关位置监视	110kV 线路断路器合位	调度					√
2		110kV 线路断路器分位	调度					√
3		110kV 线路线路隔离开关合位	调度				√	
4		110kV 线路线路隔离开关分位	调度				√	
5		110kV 线路母线隔离开关合位	调度				√	
6		110kV 线路母线隔离开关分位	调度				√	
7		110kV 线路线路接地开关合位	调度				√	
8		110kV 线路线路接地开关分位	调度				√	
9		110kV 线路断路器线路侧接地开关合位	调度				√	
10		110kV 线路断路器线路侧接地开关分位	调度				√	
11		110kV 线路断路器母线侧接地开关合位	调度				√	
12		110kV 线路断路器母线侧接地开关分位	调度				√	
13		110kVⅠ（Ⅱ）段母线接地开关合位	调度				√	
14		110kVⅠ（Ⅱ）段母线接地开关分位	调度				√	
15		110kVⅠ（Ⅱ）段母线 TV 隔离开关合位	调度				√	
16		110kVⅠ（Ⅱ）段母线 TV 隔离开关分位	调度				√	
17		110kVⅠ（Ⅱ）段母线 TV 接地开关合位	调度				√	
18		110kVⅠ（Ⅱ）段母线 TV 接地开关分位	调度				√	
19	TV 监视	110kVⅠ（Ⅱ）段 TV 二次空气断路器跳开	三变		√			
20		110kV TV 二次并列	三变				√	

续表

序号	监视内容	远动站内信号	专业分类	分类				
				事故	异常	延时告警	告知	断路器变位
21	断路器本体	110kV 线路断路器 SF_6压力低告警	断路器		√			
22		110kV 线路断路器 SF_6压力低闭锁	断路器		√			
23	液压机构	110kV 线路断路器油压低分闸闭锁	断路器		√			
24		110kV 线路断路器油压低合闸闭锁	断路器		√			
25		110kV 线路断路器油泵打压超时	断路器		√			
26	气动机构	110kV 线路断路器气压低分闸闭锁	断路器		√			
27		110kV 线路断路器气压低合闸闭锁	断路器		√			
28		110kV 线路断路器气泵打压超时	断路器		√			
29	弹簧机构	110kV 线路断路器弹簧未储能	断路器			√		
30	弹簧、液压、气动机构异常信号	110kV 线路断路器电动机失电	断路器		√			
31		110kV 线路断路器加热器故障	断路器		√			
32	控制回路状态监视	110kV 线路断路器控制回路断线	断路器			√		
		110kV 线路断路器就地控制（测控屏）	二次					
33		110kV 线路断路器现场控制（断路器机构）	断路器				√	
34	线路电压回路监视	110kV 线路线路电压消失	二次				√	
35	测控装置监视	110kV 线路测控装置失电告警	二次		√			
36		110kV 线路测控装置故障	二次		√			
37		110kV 线路保护动作	二次	√				
38		110kV 线路测控装置通信中断	二次			√		
39	计量回路监视	110kV 线路计量回路电压消失	二次				√	
40	间隔事故信号监视	110kV 线路间隔事故音响	二次	√				

10.4.2　新设备纳入集中监控

10.4.2.1　准备工作

（1）现场安装调试完毕并已完成自验收；

（2）变电站至调控中心主站的通信通道已开通，与调控中心主站系统的联调工作全部完成，主站、变电站联调报告已编制完成；

（3）验收资料包括主站联调报告、变电站联调报告、变电站信息核对记录、监控信息表、信息接入对应表、信息接入对应试验表、远动通信工作站内参数记录等准备齐全；

（4）接到现场运维班关于新设备纳入集中监控的申请报告。

10.4.2.2　新设备纳入集中监控作业流程

基本流程分为申请、核对、处理三个阶段，如图 10-2 所示。

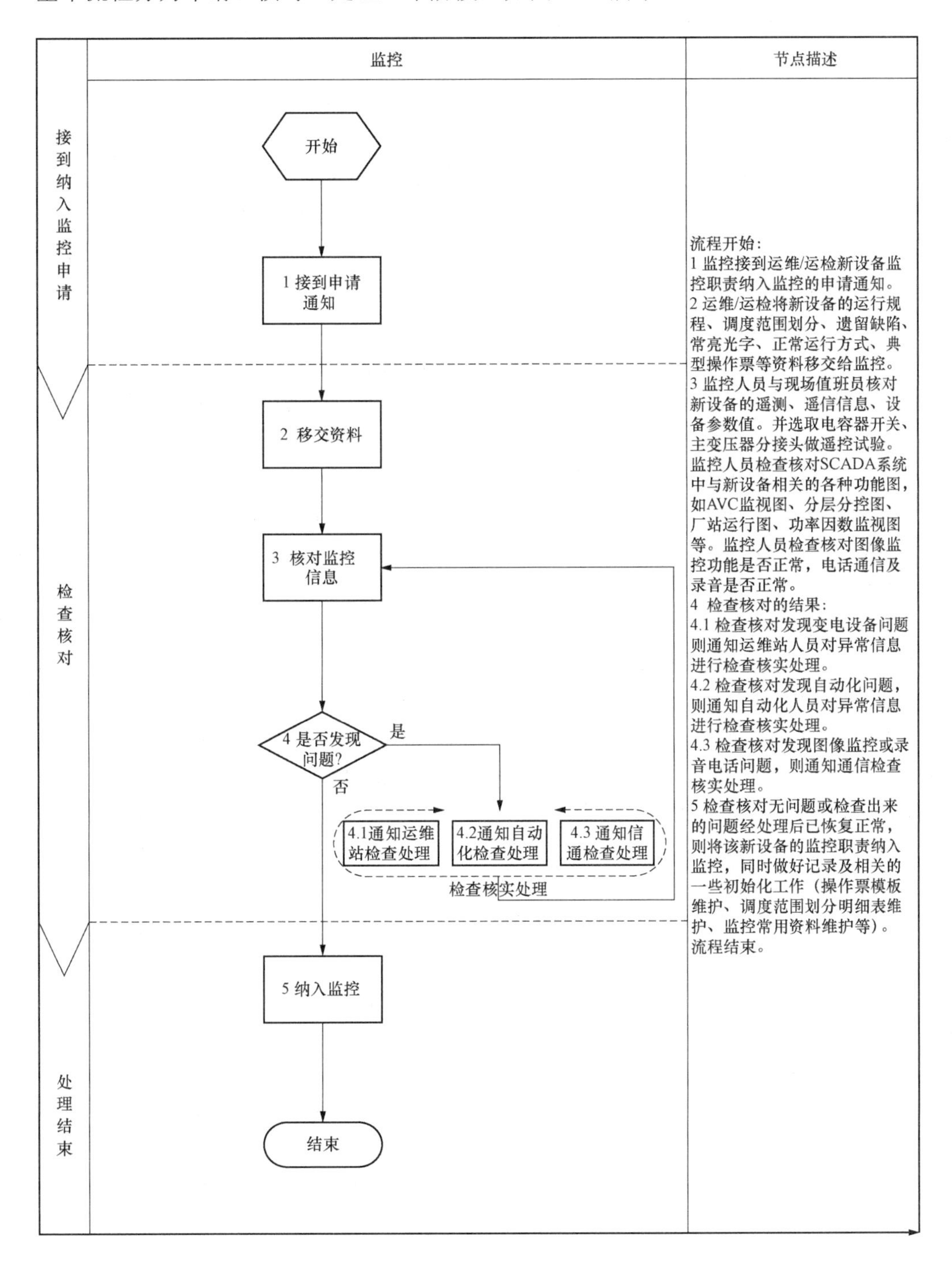

图 10-2　新设备纳入集中监控作业流程图

10.5　电压调整和无功控制

10.5.1　电压调整

为保证电网各级电压质量，加强电压监视、调控和管理，各级调度机构应对各自管辖的系统确定电压控制和监视点。电压控制点的设置应根据发电厂、变电站在系统中的位置、作用和调控能力而定。电压监视点的设置应能较全面地反映系统运行电压水平，并随电网扩展变更而及时调整。

各级调度机构应根据行业标准要求及用户电压水平，每季（或半年度）发布电厂电压曲线，颁发运行电压规定值，定期统计分析电压监视点和控制点的母线电压及运行合格率，每年提出改进措施或方案。调压应采用逆调压方式，即在系统高峰负荷时按电压曲线上限调整，低谷负荷时按电压曲线下限调整。

10.5.1.1　电压合格范围

在编制和运行控制厂站母线电压曲线时，应满足以下电压允许偏差范围：

（1）正常运行方式时，发电厂220kV母线和500kV变电站的中压侧母线电压允许偏差为系统额定电压的0%～+10%；事故运行方式时为系统额定电压的–5%～+10%。

（2）正常运行方式时，变电站220kV母线电压允许偏差为系统额定电压的–3%～+7%（214～236kV）；事故运行方式时为系统额定电压的–5%～+10%。发电厂和220kV变电站的110～35kV母线正常运行方式时，电压允许偏差为系统额定电压的–3%～+7%；事故运行方式时为系统额定电压的±10%。

（3）带地区供电负荷的变电站和发电厂（直属）的10（6）kV母线正常运行方式下的电压允许偏差为系统额定电压的0%～+7%。

电压及无功控制采取就地补偿原则。各电压控制、监视点的电压，值班调度监控人员应按职责及颁布的电压曲线要求及时调节发电机无功出力（包括机组进相运行），调节主变压器分接头和投切无功补偿装置，必要时采用调度手段（如改变运行方式等）调节。

10.5.1.2　主变压器分接头的管理

有载调压的主变压器分接头应由各级调度分别掌握。无载调压主变压器分接头由各级调度根据季节、负荷变化及时确定，使其适应系统电压的变化。

（1）地调调度管辖的220kV主变压器分接头位置的改变应得到省调的许可，投入自动电压闭环控制的有载调压主变压器分接头位置的调整除外；

（2）所有220kV主变压器中低压侧分接头，所有110kV主变压器高压或中压侧分接头及市区所有35kV主变压器（包括临时变压器）分接头由地调统一明确；

（3）属县调管辖的35kV主变压器分接头由县调明确。

各变电站无功补偿设备应保持正常可用，因故不能投用的应尽快上报处理，处理结果明确告知相关调度。

10.5.2　无功控制

220kV变电站关口功率因数考核按照《浙江省地区负荷功率因数考核管理办法（试行）》执行，地调根据省调下发的合格率统计定期分析。县调应按规定对各自区域220kV变电站功率因数合格率进行分析，并报地调。

10.5.2.1 无功电压调整工作

（1）值班监控员负责地域内所辖变电站无功电压的运行监视和调整；

（2）值班监控员发现变电站电压、功率因数越限，应立即采取措施，调整电压、功率因数在合格范围内；

（3）若采取有关措施后，电压、功率因数仍不能满足要求，值班监控员应及时汇报值班调度员协助调整，涉及上下级调度的应及时联系上下级调度监控人员，由上下级调度监控人员协助调整。

10.5.2.2 AVC系统的管理

（1）地、县各级AVC系统无功电压优化控制范围原则上应与调度管辖范围相一致。各级AVC系统除了保证本级系统的无功电压优化控制外，上级AVC系统应兼顾下级AVC系统的调控要求，下级AVC系统应在可调范围内严格执行上级AVC系统给出的控制指令，做到上下级AVC系统良好的协调控制；

（2）地、县调按调度管辖范围负责其AVC主站系统的调控运行、维护和管理；

（3）县调每月5日前上报无功电压运行月报，地调每月10日前完成浙江电网无功电压运行月报；

（4）变电站无功补偿设备停役操作前，操作现场必须做好禁止AVC远方遥控操作该设备的技术措施。

10.5.2.3 AVC系统异常处理

当值班监控员发现AVC系统出现了影响电力系统安全运行的异常情况时，应视情况立即将被控设备或被控变电站或整个AVC系统闭锁，以人工监控方式对所属变电站电压无功进行监控，并及时通知自动化值班人员。出现以下故障情况需要对设备进行人工闭锁或及时通知自动化值班人员：

（1）当发现AVC界面上AVC功能模块投退显示为退出状态，及时通知自动化值班人员；

（2）当在AVC界面上操作出现异常，如无法对变电站设备进行闭锁，及时通知自动化值班人员；

（3）当发现AVC界面上投运变电站或者投运设备的状态出现异常，如正常投运设备的状态为闭锁，又不能人工取反，及时通知自动化值班人员；

（4）当发现AVC系统较长时间不调电压无功时，电压无功较长时间越限时，及时通知自动化值班人员并手工调节所辖变电站的无功电压水平；

（5）发现AVC的控制有异常情况，例如反向调压，短时间内多次调节同一设备等，应立刻停止AVC系统运行，及时通知自动化值班人员，并手工调节所辖变电站的无功电压水平。

10.6 异常、缺陷处理

所谓电力系统的异常、缺陷，是指电力系统设备故障或人员工作失误，影响电能供应数量或质量并超过规定范围。引起的原因是多方面的，如自然灾害、设备缺陷、管理维护不当、检修质量不好、外力破坏、运行方式不合理、继电保护误动作和人员工作失误等。主要包括变电设备和监控系统的异常、缺陷。

10.6.1 变电设备的异常、缺陷处理

（1）设备告警信息发生时，值班监控员对重要信息做好记录及初步分析判断，汇报值班调度员，并通知变电运维人员到现场检查、核实；

（2）变电运维人员在现场巡视、操作时发现影响设备的缺陷，立即汇报值班监控员，值班监控员应做好记录，分析判断后汇报值班调度员；

（3）当设备缺陷消除后，变电运维人员应及时汇报值班监控员，值班监控员汇报值班调度员消缺情况；

（4）对影响设备正常运行的缺陷，值班监控员与变电运维人员应每月月末核对一次，确保受控站设备未消缺信息的准确性。

10.6.2 监控系统的异常、缺陷处理

（1）监控系统出现异常，值班监控员立即通知自动化人员进行处理；

（2）若短时不能恢复正常，值班监控员应汇报值班调度员；

（3）若造成变电站设备无法监控，值班监控员应将相应变电站设备监控职责移交给变电运维站人员，并汇报值班调度员；

（4）监控系统恢复正常后，值班监控员收回设备监控权并汇报值班调度员。

10.7 事故分析和处理

10.7.1 地区调控中心事故处理作业流程

地区电力调度控制中心监控事故处理作业基本流程，如图10-3所示。

10.7.2 事故分析汇报作业程序及标准

地区电力调度控制中心事故分析汇报作业程序及标准，如表10-5所示。

表10-5 事故分析作业程序及标准

序号	作业项目	作业标准
1	发现事故信息	（1）事故的主要判据为：有事故总信号、保护动作信号及断路器变位信号； （2）当系统发生事故时，及时查看监控系统，快速收集系统上出现的事故、异常、遥测、断路器等变化信息
2	事故信息判断	（1）判断是否为现场调试产生的信号； （2）判断是否为自动化误发信； （3）确认为设备事故后做好记录
3	事故信息汇报	（1）通知相关现场运维班现场检查，同时记录通知时间，接受通知的运维站名称和人员姓名； （2）将事故简要情况汇报事故设备所辖调度部门，同时记录汇报时间及接受汇报的调度员姓名； （3）向上级调度汇报内容包括：故障时间、保护动作情况、断路器变位情况、负荷变化情况、初步判定的故障设备
4	变电站信息汇报	（1）接受运维班人员对现场设备检查情况的汇报； （2）记录汇报时间、汇报人员名称及所属运维站； （3）记录汇报内容
5	事故信息记录并通知领导	（1）在值班日志中做好记录； （2）以OA短消息的形式通知部门领导

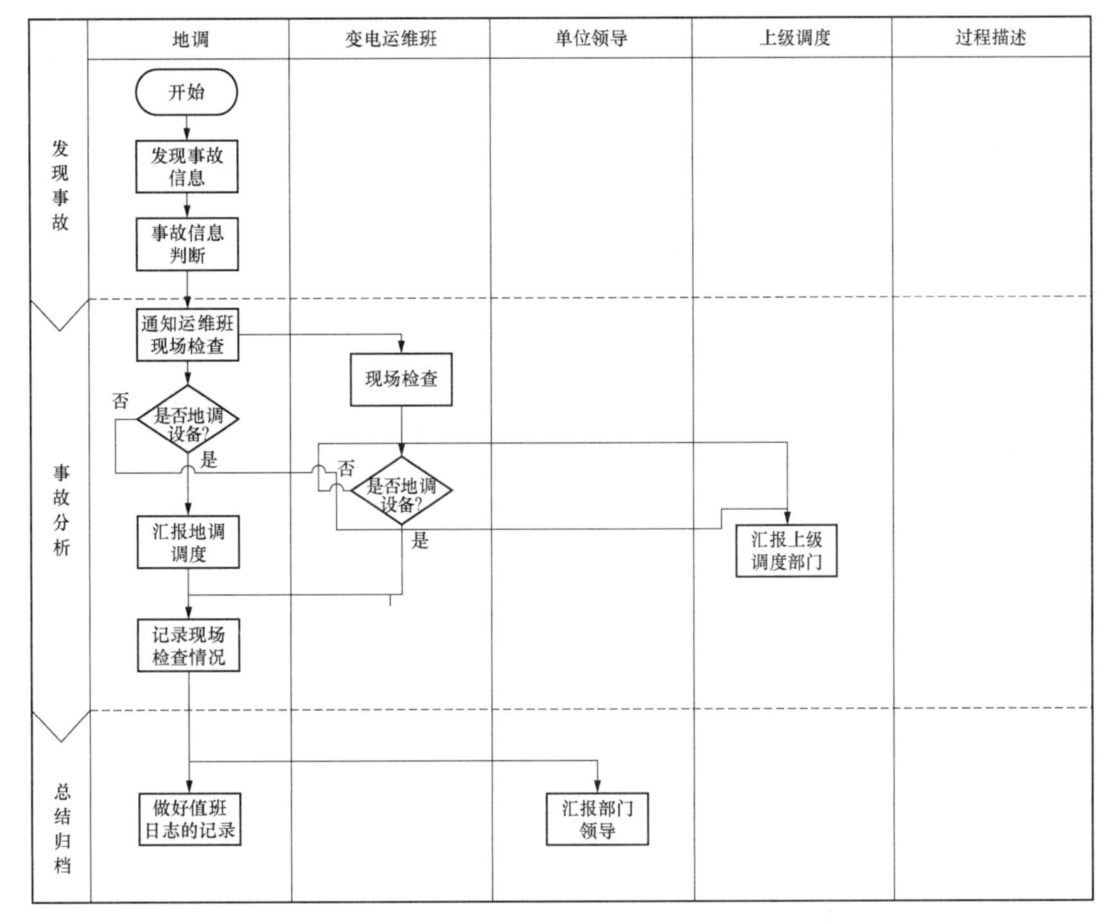

图 10-3 地区电力调度控制中心监控事故处理作业基本流程图

10.7.3 记录归档作业程序及标准

（1）监控人员将事故信息及汇报做好记录并归档，如表 10-6 所示。

（2）同时做好事故调查分析报告。

表 10-6　　　　事故分析报告标准模板

________变电站（________运维站）	
1．故障时间	____年____月____日____点____分____秒
2．故障的具体设备	设备名称：____________________
3．断路器变位情况	1．____点____分____秒：____ 2．____点____分____秒：____ 3．____点____分____秒：____ 4．____点____分____秒：____ 5．____点____分____秒：____
4．保护、重合闸等动作情况	1．____点____分____秒：____ 2．____点____分____秒：____ 3．____点____分____秒：____ 4．____点____分____秒：____ 5．____点____分____秒：____

续表

5．通知运维班人员检查	____点____分　通知________运维站________人　现场检查
6．事故简要信息汇报调度	____点____分　向_________调度________人　汇报
7．运维班人员检查后汇报监控	____点____分________运维站________人　汇报现场检查情况： 一次设备情况：________________________________ ____ 继电保护情况：________________________________ ____ 故障录波情况：________________________________ ____ 其他情况：__________________________________ ____
1．已完成值班记录　□　注：完成本操作打“√” 2．已 OA 通知部门领导　□　注：完成本操作打“√”	

第11章　事故预想和反事故演习

11.1　电网事故预想

11.1.1　概述

电网事故预想是指在特殊情况下，如电网特殊运行方式下（特殊检修方式，事故后方式等），特殊天气情况（雷、雨、雪、大风天气等），自然灾害或人为破坏情况下，针对电网薄弱环节，分析电网危险点，提出发生概率较高的且对电网安全运行影响比较大的事故预想。并预先制定应急处置预案，为调度员处理电网事故提供借鉴和参考，从而提高事故处理的应急响应能力，缩短事故处理时间，确保事故处理的准确性，避免事故扩大，使事故影响和损失降低到最小限度。

保证电网安全连续运行和保证对用户可靠供电是电网调控员的首要职责。事故预想不仅是电网调控运行培训工作的重点内容，也是保证电力安全生产的重要手段，更是电网运行中一旦发生故障及时、准确、迅速处理，使故障、事故影响和损失减小到最低程度的重要措施。

11.1.2　事故预想的功能及分类

事故预想作为调控员的重要职责之一，其主要功能有：

（1）事故隐患辨识；

（2）电网危险点评估；

（3）确认事故影响范围；

（4）提出事故处理过程和步骤；

（5）指出事故处理注意事项；

（6）提出意见和建议。

根据地区调控运行系统惯例，一般事故预想有以下几类：

（1）典型事故处置预案，地调系统主要包括地区220kV变电站全停事故预案汇编，针对地区所有220kV变电站全停事故编制，每年补充、修订一次；

（2）重大及特殊检修方式事故预案，主要针对重大设备检修等特殊运行方式变化制定；

（3）事故后方式事故预案，主要针对事故后电网运行方式改变制定；

（4）重大安全隐患事故预案，主要针对特殊天气情况、自然灾害或人为破坏对电网安全的隐患制定。

11.1.3　事故预想的要求和规范

事故预想编写的要求一般应包括以下几个部分：

（1）事件概述，主要描述事故预案编写的缘由和可能发生的事故类型简介及事故影响范围；

（2）事故前运行方式，包括电网一、二次方式，用电负荷，主要设备潮流，开机方式等情况；

（3）假想故障类型，对发生概率较高且影响较大事故类型具体描述；

（4）事故后运行方式及主要问题，包括有无设备越限、有没有设备停电、继电保护和安全自动装置动作情况等；

（5）事故处理过程和步骤，包括事故处理原则，事故处理流程，具体事故处理步骤（按操作票要求拟定操作步骤）等；

（6）注意事项，提出事故处理时应注意的若干问题，如设备限额，保护定值区更改及投停保护，变电站站用电转送及是否有发电车接口，主变压器中性点配置，是否涉及不同供区合环，是否要求线路特巡等；

（7）意见和建议，针对电网安全隐患及薄弱点提出整改意见，并向单位其他相关部门提出建议。

事故预案编写应首先在事故隐患进行全面辨识和分析的基础上进行，并根据分析结果明确需要哪些部门参与、提供哪些专业意见或部门意见，最后制订编制计划。编写过程中，无论是定性分析还是定量分析，都应充分利用调控一体化技术支撑系统提供科学支持，不应完全凭空、凭经验。预案编写完成后，应根据预案的涉及面，由相关分管领导、专业管理人员进行审查。当值调度的事故预想，各值的所有调度员均应审核并签字。涉及上级调度的事故预案应报送上级调度审核通过；涉及下级调度或相关单位的事故预案，应以书面或口头形式通知相关单位，具体落实相关反事故措施，做好上下级预案的协调。事故预案完成后，应根据电网的实际运行情况，分析和评估预案针对性和可操作性及时修订预案，始终保证事故预想的指导作用。

11.1.4　范例

下面以某 220kV 变电站（PL 变压器）2 条 220kV 线路同停为范例具体说明事故预想如何编制。

PL 变压器全停事故处理预案。

事件概述：因开发区施工取土造成 PL 变压器两条 220kV 进线及另两回 110kV 线路基础沉降，造成直线塔基础沉降、绝缘子倾斜（110kV 线路塔材有一些变形），若遇汛期暴雨冲刷，极有可能造成铁塔基础进一步沉降或滑坡，可能造成 PL 变压器两条 220kV 进线故障，PL 变压器全停。

系统运行方式如图 11-1 所示。

事故描述及处理过程。

1. 事故描述

PL 变压器两条 220kV 进线故障，PL 变压器除 35kVⅡ段母线以外全停（35kVⅡ段母线由××线转送）。PS 变压器 110kV 备自投动作，未失电。FK 变压器 110kV 低压解列装置动作跳开石汾 1557 线断路器。QD 变压器 110kV 低压解列装置动作跳开 L4 线断路器，SL 变压器线路备自投动作合上 L5 线断路器。JJ 变压器、FK 变压器全站停电。H 电站、F 电站全站停电。

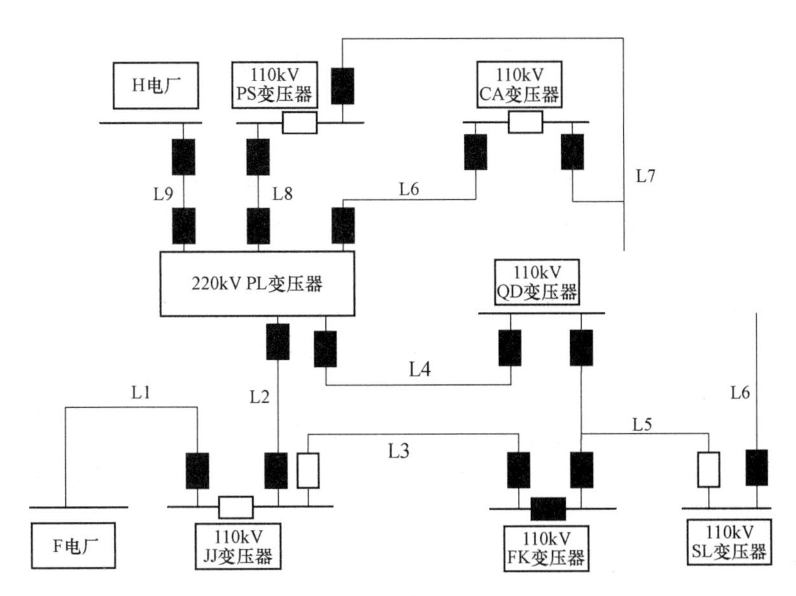

图 11-1　PL 变压器供区 110kV 潮流图

2. 处理过程

首先通知相关领导、县调等相关单位，指派各操作班人员赴相关变电站现场，做好其余准备工作，并通过 OA 短信通知相关人员。查询风险预警辅助决策系统，调出全停预案，制定事故处置方案；与省调联系，询问上级调度保护动作情况，令相关操作站赶赴现场查看；调出相关变电站故障录波、监控视频，检查通道情况。其次确认全停情况后，联系省调进行强送。若强送不成功或省调不考虑强送，则执行相关事故处置方案。

⋮

3. 事故处置步骤

PL 变压器：1 号主变压器 110kV 断路器由运行改热备用；

令 F 电厂、H 电厂机组并网顶峰发电。

⋮

4. 注意事项

事故情况下，L6 线将一线送四变压器，供电可靠性低，若故障跳闸重合失败，则该地区将大面积停电，造成严重后果。另外负荷较重，需安排 F 电厂顶峰发电，因此需安排人员对 L6 进行特巡，保证线路安全运行。

⋮

5. 意见和建议

（1）应安排 PL 变压器两条 220kV 进线线路特巡，若发现有严重安全隐患出现，应及时采取进一步的预控措施，做好 PL 变压器全停处置准备。

⋮

审核人：

编制：××

××××年××月××日

11.2　反事故演习

11.2.1　概述

反事故演习是保证电网安全的一种有利技术措施，主要针对可能出现的电网严重故障等情况，达到检验突发事件应急预案，完善突发事件应急机制，提高调度系统应急反应能力的目的。

随着电网结构的不断加强，各种新型设备的不断投入，为电网安全、稳定运行提供了有利的物质保证，但由此也造成电网变得更加复杂，新的运行方式不断出现，从而出现了很多新的可能造成大面积停电的风险。这对调控员驾驭大电网的水平，特别是处理突发电网事故的综合能力提出了更高的要求。反事故演习正是锻炼调控员在发生重大事故时快速反应能力和综合协调能力的有效手段，同时也是检验电网事故应急预案和应急机制的有效措施。

11.2.2　演习分类

电网反事故演习一般可分为以下几类。

（1）典型演练：以年度运行方式中迎峰度夏、度冬大负荷运行方式为基础，针对电网薄弱环节，开展的故障处置演练；

（2）保电演练：针对重大活动、重要节日、重点场所等保电任务的电网典型运行方式，开展的故障处置演练；

（3）防灾演练：针对自然灾害对电网安全运行可能造成的严重影响，开展的故障处置演练；

（4）示范演练：向观摩人员展示应急能力或提供示范教学，严格按照应急预案规定开展的表演性演练；

（5）其他演练：针对其他可能对电网运行造成严重影响的故障，开展的故障处置演练。

另外根据规模电网反事故演习还可分为：日常反事故演习、升值反事故演习、联合反事故演习。其中电网联合反事故演习不仅参演的单位较多，涉及调度、运行、检修、送电等不同的运行单位，而且需要调度、方式、保护、自动化、通信等相关专业的密切配合，同时涵盖了电网的多级调度，不同区域、电压等级和设备类型。

11.2.3　反事故演习的组织管理

11.2.3.1　反事故演习的组织形式

调度反事故演习一般分为导演组和演员组两组，较大型的联合反事故演习还会设置演习指挥。

（1）导演组：编制反事故演习方案，设置故障点，操作 DTS 系统，根据演习方案和演员事故处理进度逐步推进事故发展进程；

（2）演员组：演员是演习的主要考察对象，在演习中根据导演设置的故障情况采取相应措施，及时准确处理事故，减小故障影响范围；

（3）演习指挥：在涉及多部门的联合反事故演习中，总体掌握演习进程，沟通协调各相关单位互相配合开展演习。

11.2.3.2　反事故演习的组织流程

（1）启动联合演练：演练组织单位初步确定联合演练主要目的、总体规模及计划时间节点，通知相关参演单位，确定成立相关组织机构，启动联合演练。

（2）制定演练方案：按照计划时间节点，组织召开导演会，由各参演单位编制演练子方案，演练组织单位汇总并确定联合演练方案。

（3）搭建演练平台：完成 DTS、音视频系统、通信设施等演练平台的搭建及调试工作。

（4）预演练：在正式演练前，根据演练方案，对正式演练的各个环节进行预先模拟，考察演练流程的合理性及通信、自动化保障的可靠性，进一步完善演练方案。

（5）实施联合演练：根据演练方案，实施联合演练。

（6）评价及总结：演练结束后，对演练过程进行评价，编写演练总结，组织召开演练总结会。

（7）宣传：必要情况下，联合本单位新闻部门，对演练进行宣传报道。

11.2.3.3　反事故演习的评价体系

反事故演习一般采用表 11-1 评分表进行评价。

表 11-1　　反事故演习评分表

阶段	指标	分值	标准（包括小分）	自我评定	建议
方案准备	针对性 操作性 灵活性 适度性 系统性 广泛性	20	（1）反事故演习方案，针对实际运行中易出现，且影响系统正常运行的情况（4 分）； （2）设想的事故是可以处理的，但要有一定的规模和组合，有一定的难度（4 分）； （3）演习方案可以随实际演习出现的不定情况灵活变动（有备用演习方案）（3 分）； （4）演习方案内容前后联系紧密，时间控制合理（3 分）； （5）演习方案能够充分考虑到周边电网的运行情况（3 分）； （6）参演单位和人员具有广泛性、典型性，每三年左右为一个周期所辖单位都能参与系统反事故演习（3 分）		
组织协调	上下配合 机构完备 组成合理 全员参与 内容保密	15	（1）反事故方案及进度与相关单位事先协调，过程互相衔接，了解彼此的方案、内容及进度（3 分）； （2）演习总指挥、导演、演员以及通信自动化人员完备，演习前人员均到位并完成应答（3 分）； （3）主要演习人员搭配合理（最好与平时实际搭班相符）（3 分）； （4）演习单位参加演习旁听人员超过一定数目（3 分）； （5）方案内容保密，演习前，除导演和主管领导外其他人对方案一无所知（3 分）		
演习过程	判断准确 处理及时 调令通畅 配合默契 操作熟练 急缓有序 行为规范	40	（1）演员对事故性质和故障点判断准确、迅速，没有差错（6 分）； （2）了解系统情况和事故具体原因后，及时处理事故、隔离故障点（6 分）； （3）上下级配合顺畅，及时准确沟通本单位和系统情况（5 分）； （4）演员之间配合默契，分工明确，商讨充分，交流及时（5 分）； （5）演员对现场一、二次设备熟悉，模拟操作熟练、及时、规范（6 分）； （6）事故处理轻重缓急把握得当，重要的、紧急的事故优先处理（6 分）； （7）事故处理按程序进行，调度用语标准、规范（6 分）		
支持系统	指挥得当 通信通畅 模拟真实 专案处理	10	（1）总指挥全面协调演习进程，提前联系各参演单位导演，使全过程有序进行，中间没有过松或过紧情况出现（3 分）； （2）有专门的演习用通信、自动化系统，相关人员全部到位，并且在演习中没有差错（2 分）； （3）演习有专门场所，演习系统和实际系统完全隔离，互备名单，不影响实际运行，秩序井然（3 分）； （4）必须有安监人员到场全程监督（2 分）		

续表

阶段	指标	分值	标准（包括小分）	自我评定	建议
总结提高	分析全面 内容完备 建议合理 措施到位 全员提高	15	（1）导演、演员及其他人员对整个反事故演习过程做全面分析（3 分）； （2）有分管领导、安监人员的全程参与和总结（3 分）； （3）能针对演习中出现的问题提出合理的解决方案（3 分）； （4）演习过程中出现的薄弱点能够引起相关部门的重视（3 分）； （5）有全面的反事故演习报告，演习后，运行人员能对反事故方案和演习报告进行进一步学习（3 分）		

总分：

11.2.4　范例（××年迎峰度夏联合反事故演习方案）

1. 演习目的

为建设一强三优电网，扎实推进电力系统迎峰度夏各项工作的顺利展开，以确保 2011 年电网安然度夏和安全有序的供电；

树立电网电力系统各级生产人员安全责任意识，增强各级调度部门、变电运行管理单位、直调电厂等相关部门之间的协调配合能力及事故处理能力；

⋮

通过反事故演习发现各单位生产运行管理中存在的薄弱环节，进一步加强管理组织措施，确保电网的安全、优质、经济运行。

2. 演习背景

××××年××月××日，按照市区供电局管理模式，相关调度管理职能也随之重新调整，由此造成电网调度关系存在较大改动，同时××地区负荷增长迅速，夏季高峰期间设备负载率在高水平运行。针对以上情况，对可能发生的事故提前进行模拟，检验事故情况下调度、运行和用户应急联动机制以及快速响应和正确处置能力；检验事故预案的科学性、可行性和实用性，以提高各演习单位应急响应能力。

3. 演习目标

第一、考察和加强各运行单位及值班人员的运行管理水平和对电网、设备的熟悉程度及对事故异常的判断能力和考虑问题的全面性；

第二、考察调度员如何快速隔离故障、限制事故的扩大，恢复电网的正常运行的能力；调控中心一值、二值、三值调度员在处理事故中的分工协作能力，配合是否密切合理；

⋮

4. 演习依据

编制此次反事故演习的依据为：《××地区电力系统调度规程》、《××电网××年年度运行方式》、《××电力系统突发事件应急预案》……等相关管理制度。

5. 演习组织

演习总指挥负责演习进展的总体指导和协调工作，演习导演负责演习具体实施和协调配合工作，被演人员则根据演习题目进行相应的“事故”处理；本次反事故演习参演单位多，涉及两级调度、运行等单位，同时需要调度、方式、保护、自动化、通信等相关专业的密切配合。

演习单位：……

演习单位人员及相应职责安排：
地调导演：……
地调演员：……
注：所有导演间需保持演习进程的协调联系
参演人员及联系方式：
⋮
6. *初始运行方式*
补充说明（负荷情况）：
⋮
其他设备状态及潮流情况见 SCADA。
7. *演习事故及处理*
演习过程第一阶段（30min）：
监控（×××）：××变压器 35kV Ⅰ段母线接地动作
⋮
××变压器（×××）：巡视发现，2 号主变压器 110kV 主变压器闸刀支持绝缘子有贯穿性裂纹。
⋮
处理：（15 分钟）
（1）告检修（×××）××变压器 2 号主变压器缺陷情况，其告需马上停役处理。
⋮
考点：
（1）明确××电网各级调度管辖范围。
⋮
演习过程第二阶段（60min）：
监控（×××）：××变压器××线××保护动作。
⋮
处理（45min）：
（1）××变压器（×××）：令其检查现场设备；
（2）检修（×××）：令其赶赴现场；
⋮
考点：
（1）××变压器为终端变压器，220kV 线路属于地调调度，由地调负责线路强送；
⋮
信息表 1（第一阶段）：
××变压器　××变压器 35kV Ⅰ段母线 A 相电压从正常　到越操作下限　模拟量值:0.1;
⋮
信息表 2（第二阶段）：
××变压器　××变压器事故总信号　动作；
⋮

11.3 电网应急演练

11.3.1 概述

电网应急演练是指针对电网突发事件风险和应急保障工作要求，由相关应急人员在预设条件下，按照应急预案规定的职责和程序，对应急预案的启动、预测与预警、应急响应和应急保障等内容进行应对训练。

11.3.2 应急演练目的

（1）检验突发事件应急预案，提高应急预案针对性、实效性和操作性；

（2）完善突发事件应急机制，强化政府、电力企业、电力用户相互之间的协调与配合；

（3）锻炼电力应急队伍，提高电力应急人员在紧急情况下妥善处置突发事件的能力；

（4）推广和普及电力应急知识，提高公众对突发事件的风险防范意识与能力；

（5）发现可能发生事故的隐患和存在问题。

11.3.3 应急演练原则

（1）依法依规，统筹规划。应急演练工作必须遵守国家相关法律、法规、标准及有关规定，科学统筹规划，纳入各级政府、电力企业、电力用户应急管理工作的整体规划，并按规划组织实施。

（2）突出重点，讲求实效。应急演练应结合本单位实际，针对性设置演练内容。演练应符合事故/事件发生、变化、控制、消除的客观规律，注重过程、讲求实效，提高突发事件应急处置能力。

（3）协调配合，保证安全。应急演练应遵循“安全第一”的原则，加强组织协调，统一指挥，保证人身、电网、设备及人民财产、公共设施安全，并遵守相关保密规定。

11.3.4 应急演练分类

（1）综合应急演练，由多个单位、部门参与的针对综合应急预案或多个专项应急预案开展的应急演练活动，其目的是在一个或多个部门（单位）内针对多个环节或功能进行检验，并特别注重检验不同部门（单位）之间以及不同专业之间的应急人员的协调性及联动机制。

（2）社会综合应急演练由政府相关部门、电力监管机构、电力企业、电力用户等多个单位共同参加。

（3）专项应急演练，针对本单位突发事件专项应急预案以及其他专项预案中涉及自身职责而组织的应急演练。其目的是在一个部门或单位内针对某一个特定应急环节、应急措施，或应急功能进行检验。

11.3.5 应急演练组织管理

11.3.5.1 演练组织机构

根据需要成立应急演练领导小组以及策划组、技术组、保障组、评估组等工作机构，并明确演练工作职责、分工。

1．领导小组

（1）领导应急演练筹备和实施工作；

（2）审批应急演练工作方案和经费使用；

（3）审批应急演练评估总结报告；

（4）决定应急演练的其他重要事项。

2. 策划组

（1）负责应急演练的组织、协调和现场调度；

（2）编制应急演练工作方案，拟定演练脚本；

（3）指导参演单位进行应急演练准备等工作；

（4）负责信息发布。

3. 技术保障组

（1）负责应急演练安全保障方案制定与执行；

（2）负责提供应急演练技术支持，主要包括应急演练所涉及的调度通信、自动化系统、设备安全隔离等。

4. 后勤保障组

（1）负责应急演练的会务、后勤保障工作；

（2）负责所需物资的准备，以及应急演练结束后物资清理归库；

（3）负责人力资源管理及经费使用管理等。

5. 评估组

（1）负责根据应急演练工作方案，拟定演练考核要点和提纲，跟踪和记录应急演练进展情况，发现应急演练中存在的问题，对应急演练进行点评；

（2）负责针对应急演练实施中可能面临的风险进行评估；

（3）负责审核应急演练安全保障方案。

11.3.5.2　编写演练文件

应急演练工作方案主要内容包括：

（1）应急演练目的与要求。

（2）应急演练场景设计：按照突发事件的内在变化规律，设置情景事件的发生时间、地点、状态特征、波及范围以及变化趋势等要素，进行情景描述。对演练过程中应采取的预警、应急响应、决策与指挥、处置与救援、保障与恢复、信息发布等应急行动与应对措施预先设定和描述。

（3）参演单位和主要人员的任务及职责。

（4）应急演练的评估内容、准则和方法，并制定相关具体评定标准。

（5）应急演练总结与评估工作的安排。

（6）应急演练技术支撑和保障条件，参演单位联系方式，应急演练安全保障方案等。

11.3.5.3　应急演练脚本

应急演练脚本是指应急演练工作方案的具体操作手册，帮助参演人员掌握演练进程和各自需演练的步骤。一般采用表格形式，描述应急演练每个步骤的时刻及时长、对应的情景内容、处置行动及执行人员、指令与报告对白、适时选用的技术设备、视频画面与字幕、解说词等。

应急演练脚本主要适用于程序性演练。

11.3.5.4　电网应急演练的评估及总结

1. 评估

对演练准备、演练方案、演练组织、演练实施、演练效果等进行评估，评估目的是确定应急演练是否已达到应急演练目的和要求，检验相关应急机构指挥人员及应急响应人员完成任务的能力。

评估组应掌握事件和应急演练场景，熟悉被评估岗位和人员的响应程序、标准和要求；演练过程中，按照规定的评估项目，依推演的先后顺序逐一进行记录；演练结束后进行点评，撰写评估报告，重点对应急演练组织实施中发现的问题和应急演练效果进行评估总结。

2. 总结

应急演练结束后，策划组撰写总结报告，主要包括以下内容：

（1）本次应急演练的基本情况和特点；

（2）应急演练的主要收获和经验；

（3）应急演练中存在的问题及原因；

（4）对应急演练组织和保障等方面的建议及改进意见；

（5）对应急预案和有关执行程序的改进建议；

（6）对应急设施、设备维护与更新方面的建议；

（7）对应急组织、应急响应能力与人员培训方面的建议等。

11.3.5.5　范例

××××年××月杭州供电公司无脚本应急演练方案：

根据国家电网公司应急预案演练活动的要求，为进一步提高公司系统应急处置能力，检验公司应急预案的科学性、实用性和可操作性，检验公司应急准备和应急保障能力，根据公司应急工作安排，定于11月举行本公司无脚本应急演练。为确保演练效果，特制定本方案。

1. 演练目的

如今是杭州电网安全运行的关键阶段，11月22日及23日两天××市区的220kV XW变压器两回进线同停，为省公司四星级风险，经外来电源转供XW变压器110kV母线后仍有三星级风险，一旦BX线故障将造成XW变压器35kV及10kV侧全停。且11月23日是全国公务员考试保供电阶段，形势非常严峻。

考查在突发事件状态下，各单位之间的协调联动能力，优化并提高应急救援的速度和处置办法。

⋮

2. 演练方式

（1）本次演练采用无脚本方式突发事件处置方式，演练方案和脚本均不事先告知。事先设定电网故障，公司应急指挥中心统一指挥，各有关单位协调联动；

（2）公司开启应急指挥中心，各参演单位利用3G视频监控系统上传到公司应急指挥中心。其他单位通过指挥中心观摩演练。

⋮

3. 演练时间和地点

（1）计划时间：××××年××月××日。

演练初步定于13:30举行。

演练时间控制在××min内。

（2）故障区域：××小区附近。

4. 演练组织机构

成员：调控中心、变电运维工区、输电运检工区、配电运检工区、信通公司、……。

特邀：浙江电力调度控制中心。

各单位主要职责：

调控中心：负责编制演练突发事故场景，演练中模拟调度台调令下达。

浙江电力调度控制中心：参演单位，全程观摩并提出指导意见。

信通公司：负责演练技术支持平台搭建和调试。

变电运维工区：参演单位，负责突发故事抢修组织、指挥和处置。

⋮

其他演习涉及相关单位均由调控中心模拟参演。

5. 演练背景

XW 变双线同停期间 BX 线突发性事件。

8 号电缆井塌方，已压住该线路电缆，危及线路安全。

如 BX 线跳闸，则失电负荷××MW，占全地区负荷的××%，影响区域为……。

下送重要用户：10kV××线送××（单电源）；10kV××线送××（双路电源）。

6. 演练过程

第一阶段：

95598 工单，××路附近施工导致部分路面塌方，井盖显示下方有电力电缆。

输电运检现场检查结论：BX 线情况紧急，随时可能影响线路安全运行。

第二阶段：

调控中心汇报省调相关情况并通知各级相关单位做好准备（配电运检、输电运检、变电运维）。①安排方式运行方式。②做好应急组织措施。③调出预案，领导到岗到位。④做好遥控操作准备。⑤做好新闻应急准备。……

随时和各单位保持沟通，并开启应急指挥。

第三阶段（实际模拟项目）：

⋮

7. 演练结束

现场人员考问，核查结束后，向公司应急指挥中心汇报各单位组织情况。

宣布演练结束。

应急指挥中心相关单位点评。

领导讲话。

8. 注意事项

（1）在电应急演练过程中如遇到突发事故，由公司应急指挥中心立即下令通知中止应急演练。

（2）运维站等现场设专职现场安全监督人员。

调控中心

××××.××.××

附：故障响应时间表

单位	联系人	目的地	通知时间	反馈时间	时间	情况

11.4　调控培训仿真 DTS 系统

随着现代电力系统网络规模的不断扩大，传统的依靠经验培训新的调度人员的方法，已不能满足现代电网发展速度和规模的要求。以往的反事故演习，单纯靠演习导演的安排进行，调度员不能根据电网的故障发展进行处理。虽动用大量人力、物力，仍不能达到效果，也不能真实反映调度员处理事故的能力，故需要一套有效的系统来满足上述的需要；随着现代计算机技术的高速发展以及电力系统分析的逐步实用化，为实现上述功能提供了技术上的可能。

烟台东方电子信息产业股份有限公司开发的"调度员培训仿真 DTS 系统"，浙江省杭州、台州、丽水分别购买一套在地区电网使用的调度员培训模拟系统，以实现浙江省地联合分布式电网培训仿真（DTS）系统，所提出的技术要求。保证浙江省地联合分布式电网培训仿真系统的各项性能技术指标能够满足浙江电网安全、稳定、经济运行的需要，以及调度生产管理的需求。系统界面如图 11-2 所示。

图 11-2　调度员培训仿真 DTS 系统界面

11.4.1　DTS 基本介绍

11.4.1.1　DTS 概念

调度员培训仿真器（dispatcher training simulator，DTS），分为三个部分，第一部分是对电力系统的仿真（动态仿真包括部分动力系统），再现电网工况；第二部分是对调度自动化系统的仿真，再现调度员工作环境；第三部分是 DTS 的培训支持功能，包含完成培训所具备的监视、控制和分析功能，如图 11-3 所示。

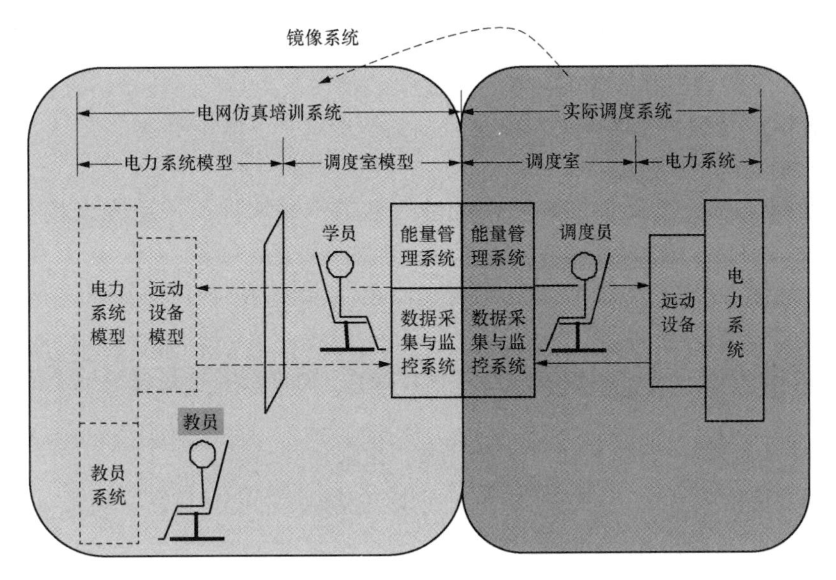

图 11-3　DTS 系统基本模块

11.4.1.2　DTS 的主要模块

（1）网络拓扑：提供电网的基础模型；

（2）动态潮流计算：正常状态的仿真基础；

（3）短路计算：故障状态的仿真基础；

（4）继电保护仿真、自动装置仿真：故障状态的电网反应；

（5）教员系统、学员系统：人机对话界面。

11.4.1.3　DTS 的主要功能

（1）日常培训：侧重点在于单个调度员的基本业务素质的提高；

（2）反事故演习：侧重于各个调度单位共同协作能力的锻炼和改进；

（3）运行方式模拟：为优秀调度员更进一步地提高提供的研究功能；

（4）电网规划：在仿真的电网中（包括一次和二次），验证电网规划的合理性。

11.4.2　DTS 的应用

DTS 运用计算机技术通过实际电力系统的数学模型，再现了各种调度操作和故障后的系统工况，并将这些信息送到电力系统控制中心的模型内，为调度员提供了一个逼真的培训环境，可以说是实际电网的完全镜像系统。

主要包括用于保存电网结构和参数以及历史数据的离线数据库，以及用于实时计算的实时数据库的分布式软件平台之上，由 3 个功能模块组成，三者的关系如图 11-4 所示。

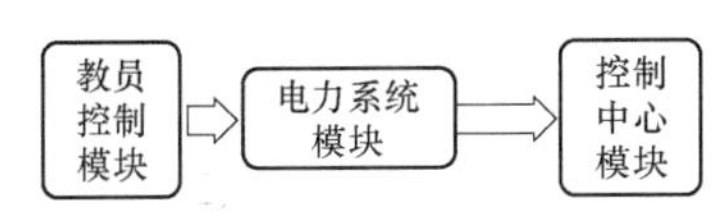

图 11-4　DTS 系统基本模块

其中，教员通过向电力系统模块 PSM 输入多种不同类型的模型、参数还有事件表，来启动 PSM，使其运行，将仿真结果以 RTU 的格式输送至控制中心模块 CCM，继而向学员演示当前电网的运行情况。同时，学员可以通过控制操作命令的方式，结果将以 RTU 的形式，送至教员控制模块 ICM，再送至 PSM 中，改变 PSM 的运行条件。可以将上述三个模块分别装在三台计算机上，也可以将教员机和电力系统模块装在一台计算机上，同时整个 DTS 系统可以配置多个学员机，进行调度全值人员横向协调操作培训，衍生出多种不同形式的协调培训。其中DTS教员是指建立培训的方案、控制培训进程及记录培训过程；充当下级调度和厂站值班员，接受受训调度员下达的调度令，逐步完成各项操作的角色；DTS学员是指充当调度员角色，监测系统变化并下达调度令。

DTS的应用有以下几个方面：

（1）帮助调度员用于反事故演习以及进行各项常规培训，使用未来模型进行反事故演习。

（2）帮助继保人员用于保护定值的整定和校验；能准确仿真各种复杂故障情况下的继电保护和安全自动装置的动作行为。

（3）帮助运行方式人员对未来运行方式进行校验，能处理各种复杂情况下的备自投动作，以及各种复杂的T接线方式。

（4）能够模拟实际电网的各种可能的故障，包括死区故障。

（5）能真实地模拟系统切机或者切负荷时潮流及频率的变化过程，模拟事故下各联络线功率的大小。

DTS的主要运行过程分为初始化阶段，培训阶段，以及评估阶段，如图11-5所示。

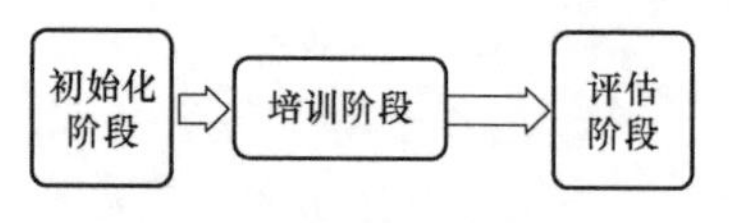

图11-5　DTS运行过程

（1）初始化阶段是整个演习过程的初始阶段，建立满足培训或演习方案要求的电网场景，通过对已有数据的编辑，可以用来设定不同的发电机出力、电压水平、联络线功率、负荷曲线以及保护和自动装置参数和定值；

（2）培训阶段则通过对电网进行持续的模拟，能够快速响应系统发生的扰动，而在这个过程中教员可以接受学员的询问，执行学员的调度指令，执行包括暂停、恢复、退出在内的各项培训任务；

（3）评估阶段可以实时展示培训得分的信息，对演习过程进行总结，回顾演习的整个过程，生成评估报表。

操作界面如图11-6和图11-7所示。

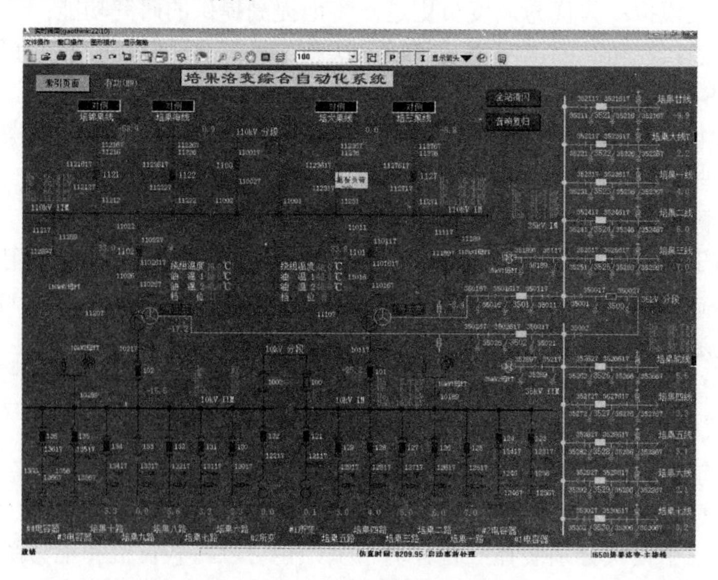

图11-6　DTS变电站操作界面

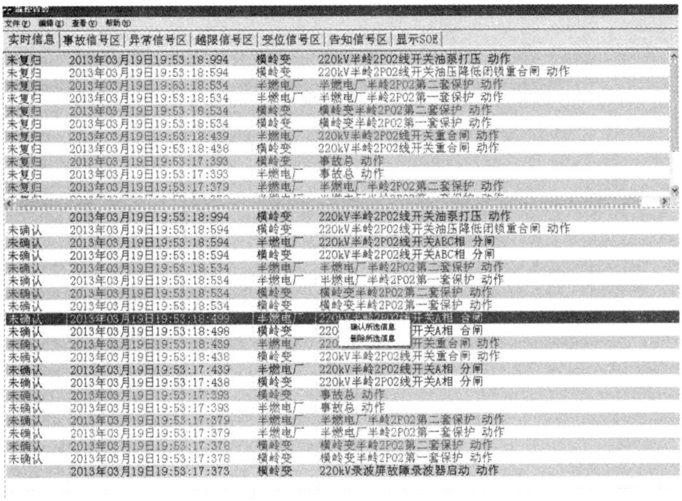

文件(F) 编辑(E) 查看(V) 帮助(H)
实时信息 | 事故信号区 | 异常信号区 | 越限信号区 | 变位信号区 | 告知信号区 | 显示SOE
未复归 2013年03月19日19:53:18:994 横岭变 220kV半岭2P02线开关油泵打压 动作
未复归 2013年03月19日19:53:18:594 横岭变 220kV半岭2P02线开关油压降低闭锁重合闸 动作
未复归 2013年03月19日19:53:18:534 半燃电厂 半燃电厂半岭2P02第二套保护 动作
未复归 2013年03月19日19:53:18:534 半燃电厂 半燃电厂半岭2P02第一套保护 动作
未复归 2013年03月19日19:53:18:534 横岭变 横岭变半岭2P02第二套保护 动作
未复归 2013年03月19日19:53:18:534 横岭变 横岭变半岭2P02第一套保护 动作
未复归 2013年03月19日19:53:18:439 半燃电厂 220kV半岭2P02线开关重合闸 动作
未复归 2013年03月19日19:53:18:438 横岭变 220kV半岭2P02线开关重合闸 动作
未复归 2013年03月19日19:53:17:393 横岭变 事故总 动作
未复归 2013年03月19日19:53:17:393 半燃电厂 事故总 动作
未复归 2013年03月19日19:53:17:379 半燃电厂 半燃电厂半岭2P02第二套保护 动作
2013年03月19日19:53:18:994 横岭变 220kV半岭2P02线开关油泵打压 动作
未确认 2013年03月19日19:53:18:594 横岭变 220kV半岭2P02线开关油压降低闭锁重合闸 动作
未确认 2013年03月19日19:53:18:594 半燃电厂 220kV半岭2P02线开关ABC相 分闸
未确认 2013年03月19日19:53:18:594 横岭变 220kV半岭2P02线开关ABC相 分闸
未确认 2013年03月19日19:53:18:534 半燃电厂 半燃电厂半岭2P02第二套保护 动作
未确认 2013年03月19日19:53:18:534 半燃电厂 半燃电厂半岭2P02第一套保护 动作
未确认 2013年03月19日19:53:18:534 横岭变 横岭变半岭2P02第二套保护 动作
未确认 2013年03月19日19:53:18:534 横岭变 横岭变半岭2P02第一套保护 动作
未确认 2013年03月19日19:53:18:499 半燃电厂 220[illegible]开关A相 合闸
未确认 2013年03月19日19:53:18:498 横岭变 220[illegible]开关A相 合闸
未确认 2013年03月19日19:53:18:439 半燃电厂 220[illegible]开关重合闸 动作
确认所选信息
删除所选信息
未确认 2013年03月19日19:53:18:438 横岭变 220kV半岭2P02线开关重合闸 动作
未确认 2013年03月19日19:53:17:439 半燃电厂 220kV半岭2P02线开关A相 分闸
未确认 2013年03月19日19:53:17:438 横岭变 220kV半岭2P02线开关A相 分闸
未确认 2013年03月19日19:53:17:393 横岭变 事故总 动作
未确认 2013年03月19日19:53:17:393 半燃电厂 事故总 动作
未确认 2013年03月19日19:53:17:379 半燃电厂 半燃电厂半岭2P02第二套保护 动作
未确认 2013年03月19日19:53:17:379 半燃电厂 半燃电厂半岭2P02第一套保护 动作
未确认 2013年03月19日19:53:17:378 横岭变 横岭变半岭2P02第二套保护 动作
未确认 2013年03月19日19:53:17:378 横岭变 横岭变半岭2P02第一套保护 动作
2013年03月19日19:53:17:373 横岭变 220kV录波屏故障录波器启动 动作

图 11-7　DTS 信息告警界面

11.4.3　运行结论

DTS 系统投入运行以来，总体运行稳定，效果良好。为调度员的培训提供了新的方式，为联合反事故演习提供了逼真、高效的技术手段，使得调度员的个人工作素质得到了大幅度提升，使得地调、县调、各集控站等各级调度单位的协作能力得到了锻炼，对保证电网的安全、经济运行发挥了很大的作用。

第三部分 事故案例及调控处置

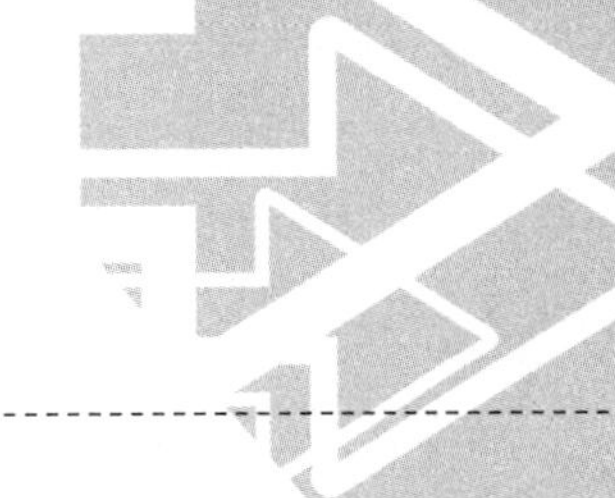

第12章 电力系统事故概述

12.1 电力系统事故产生原因

所谓电力系统事故，是指电力系统设备故障或人员工作失误，影响电能供应质量或数量并超过规定范围的事件。

引起电力系统事故的原因是多方面的，如自然灾害、设备缺陷、管理维护不当、检修质量不好、外力破坏、运行方式不合理、继电保护误动作和人员工作失误等。

常见的电力系统事故有：

（1）自然灾害，包括大雾、暴风、大雪、冰雹、雷电等恶劣天气引起线路倒杆、断线、引线放电等事故。

（2）主要电气设备的绝缘损坏，如由于绝缘损坏造成发电机、变压器烧毁事故。严重时将扩大为系统失去稳定及大面积停电事故。

（3）电气误操作，如带负荷拉隔离开关、带电合接地线、带地线合闸等恶性事故。

（4）继电保护及自动装置拒动或误动。

（5）外力破坏，造成电缆绝缘损坏、架空导线断线、倒杆等事故。

（6）系统失稳，大面积停电。

12.2 电力系统事故的调度因素

电网调度机构是电网的组织、指挥、指导、协调和控制机构，是电网事故处理的指挥者。经多年调控运行经验总结，下列调度工作过失有可能造成电力系统事故或扩大电力系统事故，应在日常工作中予以避免：

（1）电力系统运行方式（包括设备检修方式）安排不合理。

（2）继电保护及系统安全自动装置与系统运行方式不匹配，包括定值误整定、系统安全自动装置使用不当。

（3）调度员指挥系统操作时对系统运行情况和设备运行状态不清，或者违反规章制度而误操作。

（4）调度员处理事故时，判断错误，误调度而扩大事故。

（5）各级调度之间配合不协调，拖延事故处理时间而扩大事故。

（6）事故时远动设备遥信、遥测信号不正确，计算机监控系统失灵致使事故扩大。

因此，调度监控人员在日常运行管理工作中，应尽量做好电力系统事故的预防措施：

（1）及时了解、掌握系统运行方式，特别对于系统薄弱环节应做好事故预想。

（2）对于重要及以上等级设备缺陷，应及时督促相关部门及时消缺，保障系统设备健康水平。

（3）利用电网风险评估系统、DTS、静态安全分析等高级应用软件，加强培训，提高调控运行人员处理事故的能力。

（4）严格贯彻执行各项规章制度。

（5）提高电网调度系统技术装备水平。

（6）加强事故预想和反事故演习，提高事故处理应变能力。

第13章　地调电网事故案例分析

13.1　自然灾害引发的电网事故

13.1.1　台风

台风，是夏秋季节影响浙江地区的重要灾害性天气。伴随而来的狂风暴雨，严重影响地区电网的安全运行。天灾属不可抗力，我们无法完全避免灾害的发生，但我们能尽量将灾害的影响减少到最低程度。以下是调度处理台风灾害天气引发的典型电网事故案例，供大家参考学习。

（1）2010年7月22日第三号台风“灿都”在广东登陆，受其影响浙江局部地区有大风。16:19监控人员发现“ZJ变压器　1号主变压器差动保护动作”，经核实ZJ变压器10kVⅠ段母线失电，立即通知运维站人员现场检查，同时通知配调。地调监控人员通过视频监控系统，立即查阅ZJ变压器相关视频，发现ZJ变压器110kVⅠ段母线TV附近地面有较大面积工棚，TV有损伤情况。查看10kV断路器室，核实10kVⅠ段母线断路器柜表面无异常。立即通知检修人员，要求其对故障设备紧急抢修处理。为进一步确认ZJ变压器事故原因，地调监控人员查阅现场视频录像，确认16:19一简易工棚飞入ZJ变压器，砸中ZJ变压器110kVⅠ段母线TV隔离开关，导致1号主变压器差动保护动作。视频时间与监控系统ZJ变压器故障信息时间完全吻合。在明确ZJ变压器1号主变压器差动保护动作原因后，调控人员通过远方遥控操作，成功合上10kV母分断路器，于16:27恢复供电。调控中心借助“调控一体化”管理模式，在7min内成功恢复送电，最大限度地减少了因灾害天气造成的停电影响。

（2）2011年8月8日第十一号强台风“海葵”登陆浙江，受其影响浙江地区有暴雨到大暴雨并伴有9～11级大风。其中杭州主城区共发生220kV线路跳闸3条次，110kV线路跳闸2条次，35kV线路跳闸3条次。对于明显由于大风雷雨天气引起的跳闸，对非电缆线路一般进行强送一次。

（3）2013年9月13日傍晚受强热带风暴“万宜”影响，杭州城区普降大雨并伴有雷电。18:09，监控人员发现“TH变压器1号主变压器220kV断路器控制回路断线”信号，立即通知运维站人员现场检查。同时该运维站管辖范围10kV城区配网线路也出现跳闸。由于刚好处于杭州城区晚高峰时间且道路积水严重，车辆拥堵时间较长，运维人员在19:30到达现场。运行人员现场检查发现1号主变压器220kV断路器端子箱下柜门插片因锈蚀被大风吹落，有少量雨水吹入，220kV继保室内1号主变压器220kV第二套保护屏内操作箱失电，第一组、第二组控制电源小断路器均跳开，试合不成功。调度发令运行人员操作1号主变压器由运行改热备用时，发现当地后台机无电，无法进行遥控操作；通知调控中心、运维班遥控操作也失败，尝试在测控装置屏上通过“位置对应断路器”进行操作也失败。检修人员现场检查过程中，发现该变电站直流正极接地。

对于这种特殊天气条件下，多重故障同时出现的情况，调度员应从电网系统全面考虑，而不能局限于变电站内。首先应先处理1号主变压器220kV回路断路器控制回路断线，在特殊天气天气条件下，一旦主变压器出现故障，主变压器220kV断路器无法分闸，将启动失灵保护，通过母差保护跳开该母线上所用出线断路器，造成220kV一条母线失电，扩大事故范围。其次，在隔离故障操作过程中，发现当地后台机失电，遥控操作均失败，检查发现UPS电源故障。在恶劣天气条件下，远方遥控操作失败后，一般不允许就地操作，因此应先恢复UPS电源，再隔离故障，最后再处理直流接地异常情况。

总结抗击台风经验：台风来临之前应及时调整运行方式，确保主网全接线全保护运行。与气象部门加强联系，及时获取台风最新路径走向资料，对台风路径地区做好事故预想和紧急处置预案。

13.1.2 雷击

浙江地区多为山区、丘陵地带，地区220、110kV架空输电线路易遭受雷击，引起线路跳闸。据统计，2013年浙江地区总落雷数就达854896个，110、220kV和500kV雷击跳闸率分别为1.27、0.543、0.246次/（100km·40雷电日）。

2013年8月26日，220kV A变电站 XC线在13:25C相遭雷击，13:29A、B、C三相遭雷击，13:36 BC相遭雷击，共跳闸3次，均重合成功。

2013年9月11日，220kV B变电站同杆架设双回线QW线、WS线在18:21 A相遭雷击、18:23 B相遭雷击，共跳闸2次，重合成功。

浙江地区每年3～10月为雷季，雷季前应及时调整运行方式，对典型内桥双回进线110kV变电站改为双线送，母分备方式；对原热备用无避雷器线路改为冷备用。雷击线路跳闸，一般线路均会重合成功。雷雨天气下，当重合失败时，可视情况对线路强送一次。

13.1.3 冰雪灾害

2008年初，浙江大部分地区先后出现历史罕见的强降温和持续雨雪冰冻天气，导致输电线路发生覆冰闪络、脱冰跳跃、舞动、断线和倒塔等多种灾害，给浙江电网造成罕见的严重损坏。据统计，灾害共造成2座500kV电厂全停；1座220kV、6座110kV、15座35kV变电站全停；2座220kV变电站失去220kV供电；23条500kV、21条220kV、14条110kV、90条35kV、747条10kV线路停运；500kV线路倒塔167基、受损28基，220kV倒塔45基、受损17基，110kV倒塔23基、受损14基。

13.1.4 内涝

2010年10月，强台风“菲特”裹挟着狂风和暴雨，直扑浙江。这次台风给浙江余姚带来了百年一遇的损失，全市过程雨量达到500.6mm，其中最大降雨量达到819mm；姚江水位最高达到5.33m，为最高纪录，中心城区及姚江下游乡镇都有不同程度被淹没。受其影响，余姚城区70%被淹，余姚电网也遭受了历史上最严重的损坏：4条35kV、173条10kV线路跳闸或拉停，主城区101个小区因积水失电，90%的行政村中断供电，余姚民众生活受到严重影响。

13.2　电气设备绝缘损坏引起的事故

13.2.1　电缆线路绝缘降低引发的故障

2011 年 7 月 19 日 13:13 监控人员发现“220kV A 变 35kV II 段母线接地”信号，立即通知现场运维人员检查。现场检查发现“35kV II 段母线 B 相接地”、“XJ3686 线保护装置接地告警”光字牌亮，现场压变有异响，其余一次设备检查正常。

13:35：客户中心告知用户变 B 变内 XJ3686 线开关跳闸。

13:40：220kV A 变 运维人员汇报，TV 异响已消失，但接地仍存在。

14:01：运维人员接地试拉电容器及 XJ3686 线后接地未消失。

14:15：监控人员发现“220kV A 变 35kV I 段母线接地”信号。

14:25：监控人员发现“220kV A 变 WH3688 线开关跳闸”事故信号，“35kV II 段母线接地”信号复归。

14:56：监控人员发现“220kVA 变 BW3687 线开关跳闸”事故信号，“35kV I 段母线接地”信号复归。

15:04：调度接到汇报：在下沙开发区 10 号与 11 号路交叉口处有 110kV 高压电缆沟有着火现象。

15:16：220kV A 变 XS1002 线开关跳闸，XS 变 110kV 备用电源动作，未失电。

15:18：调度了解 BS1001 线、XS1002 线为同沟敷设电缆，立即通知县（配）调做好 XS 变、NC 变全停的事故预想。

15:47：220kV A 变 BS1001 线开关跳闸，XS 变全停；HL 热电全厂失电；35kV NC 变全停。

在此期间，该县（配）调有多条 10kV 线路接地或故障跳闸。

后经检查系两条用户电缆线路绝缘损坏，引起电缆沟着火，从而导致同沟两条 110kV 电缆线路跳闸，多条 35kV、10kV 电缆故障跳闸，造成一座 110kV 变电站全停，一座 110kV 热电厂全停，一座 35kV 变电站全停。

总结本次事故，220kV A 变现场检查情况及客户中心汇报情况恰巧吻合，误导了当值调度员，以为接地在 XJ3686 线上，使得事故进一步发展。其次，各级调度之间在发生事故时没有互相沟通，均在处理各自调度范围内的故障，致使调度没有找到真正故障原因，故障没有第一时间隔离。

13.2.2　站用变压器故障引发的事故

站用变压器是提供变压器电站交直流电源的低压变压器。站用电全停将对变电站主变压器冷却器、直流、开关设备、保护自动化设备、通信设备等产生严重影响。2013 年 11 月 20 日发生一起 220kV 变电站站用电全停事故，调度的处理思路和处理方法值得学习和借鉴。

19:33 监控发现“220kV B 变 35kV II 段母线 A 相接地”信号，立即通知运维站现场检查。仅 4min 后，220kV B 变 2 号接地站用变压器跳闸，同时母线接地信号消失。由于该变电站 1 号接地站用变压器投产时有异响，改检修处理中。当值调度员意识到，该变电站站用电已全部失去，立即联系省调，并制定站用电全停事故处置预案。

20:10 运维人员到达现场，检查发现 220kV B 变所用电全停，所用电室冒出浓烟，立即汇报调度，并拨打 119 报警。

在明确 220kV B 变所用电全停后，调度进行了以下处置措施：

第一阶段：控制负荷。

（1）立即与运行人员确认，B 变主变压器为自冷方式，目前主变压器负荷 20MW（约 60%额定容量），油温正常，所用电失去对主变压器正常运行暂无影响。立即通知运维站赶赴 B 变下送 110kV 变电站（因个别 110kV 变电站属于两个 500kV 供区，无法采用遥控操作调整方式倒出负荷），随时准备转移负荷；

（2）由于所用电全停，站内 6 条 220kV 线路，7 条 110kV 线路断路器储能电源失去，断路器只能进行一次分-合-分的操作。立即按照省掉要求，控制相关断面潮流。

第二阶段：制定站内直流失去的处理预案。

（1）由于所用电失去，变电站内保护、通信、照明均由蓄电池供电，要求运行人员立即切除相关非重要负荷，并时刻关注蓄电池电压；

（2）要求运行人员时刻关注火势情况及直流电压情况。如火势蔓延至所用变压器低压 380V 电缆层或直流蓄电池电压下降至 107V 以下，将导致全所直流失去。一旦出现上述情况，应立即通知省调、地调。省调将立即拉停 6 条 220kV 线路或者将 220kV B 变改送终端方式。地调将立即拉停 7 条 110kV 线路，其下送 5 座 110kV 变电站备用电源将动作，不失电；2 座 110kV 变电站全停，要求县调做好全停预案。

第三阶段：现场检查及故障隔离。

运行人员检查系 35kV 2 号接地站用变压器过流 I、II 段动作，35kV 2 号接地站用变压器本体烧毁，2 号站用电低压屏 380V 电缆绝缘已损坏，消防人员到达现场后，火情得到控制，2 号接地站用变压器故障已隔离。

第四阶段：站用电恢复。

（1）2 号接地站用变压器跳闸后，调度立即派出发电车赶赴 220kV B 变，作为站用电临时电源；

（2）与运行人员确认，35kV 1 号接地站用变压器投产时有异常放电声，并未投运，其低压 380V 接线均验收合格，具备投产条件；

（3）询问 B 变站用变压器外来电源点和接口，得知可以由施工变压器（改造施工临时变压器）外接电源供电，直接接至 1 号接地站用变压器低压屏。经确认施工变压器为 10kV 外来电源专线供电，即通知县调安排并对该线路保供电。2 号接地站用变压器故障隔离后，立即恢复该站站用电。

通过这次电网事故的处理，可以看到虽然故障范围仅为一个变电站，但由于造成了站用电全停，对直流、保护、自动化监控等二、三次系统对电网产生了各方面的影响，调度在整个事故处理过程中沉着冷静、步步为营，最终取得了较好的事故处理结果。

13.2.3 站内低压出线故障引发的事故

2014 年 7 月 19 日，220kV C 变发生一起因 10kV 开关柜故障，引起两台 220kV 主变压器跳闸及 10kV 母线全停事件，造成杭州市区部分地区停电。本次事故故障信息多，持续时间短，故障频繁，多种保护相继动作，故障影响范围大，调度处理有一定难度。

本次故障可分为三个阶段：

故障第一个阶段持续时间 1516ms，故障起始位于 10kV HD8661 线，起初是 AB 相间短路，相间短路 6ms 后快速发展成三相短路，三相短路造成 220kV 母线侧电压略有降低（相电压由 131.9kV 降为 128.7kV），HD8661 线过流保护Ⅱ段正确动作开关切除故障，但是明火并未熄灭，4min 后将经过 HD8661 电缆室的 10kVⅡ段母线 TV 二次电缆烧熔短路、导致 TV 二次空气断路器跳开，所有Ⅱ段上的 10kV 线路保护和 2 号主变压器保护 TV 断线。故障初期 1 号主变压器 10kV 母线侧运行正常。

故障第二个阶段持续时间 97367ms，该故障又可分为三个阶段，2 号主变压器 10kV 母线侧首次三相短路应是 WM8663 线开关柜三相短路造成 220kV 母线侧电压略有降低（相电压由 131.9kV 降为 128.7kV），持续时间 3668ms 后 WM8663 线过流保护 II 段动作开关故障切除。正常运行 132ms 后，2 号主变压器 10kV 侧母线 2 号站用变压器负荷开关柜再次出现三相短路，故障持续时间 1720ms 后 2 号站用变压器负荷开关熔丝熔断切除故障，短路对 220kV 母线电压的影响与上述类似。故障切除 95ms 后 2 号主变压器 10kV 侧母线侧又出现母线三相短路，故障持续时间 91752ms，此时由于 2 号主变压器低压侧复压过流保护低压侧复压元件因 TV 断线一直被闭锁，由 2 号主变压器重瓦斯动作切除故障。在此期间 1 号主变压器 10kV 侧出现三相短路，2948ms 后 1 号主变压器 10kV 断路器复压过流保护动作切除故障。在两个 10kV 分段母线三相短路电流作用下，220kV 母线侧相电压降低至 125.7kV。

故障第三阶段发生在 1 号主变压器 10kV 侧，此时 2 号主变压器 10kV 侧母线已失电，此次故障持续时间 645ms，据了解此次故障是因消防人员喷水造成三相短路，引起主变压器差动保护动作跳闸，造成 10kVⅠ段母线失电。

13.2.4　主设备单一故障

（1）2012 年 10 月 29 日，110kV D 变 QW1055 线 C 相线路 TA 喷油，导致 1 号主变压器差动保护动作，将故障线路 TA 隔离后，主变压器恢复送电。

（2）2012 年 11 月 10 日，SM 开关站 SM 线断路器爆炸，YP 变 SM 线断路器跳闸。

（3）2013 年 11 月 10 日，500kV E 变 2 号主变压器压力释放阀二次电缆绝缘不良导致压力释放保护动作，引起主变压器差动保护动作。

（4）2014 年 7 月 9 日，220kV F 变 220kV 母联断路器压力低闭锁分合闸，现场检查母联断路器操动机构 A 相压力泄漏至 0，将母联断路器隔离后改检修处理。

遇有主设备单一故障时，应先检查相关设备有无过负荷，再将故障设备隔离，对非故障设备应恢复送电，保障用户供电。

13.3　继电保护装置拒动或误动引起的事故

（1）2012 年 2 月 7 日，XL 变 10kV 出线故障越级跳闸，其上级 220kV HZ 变 HZ1183 线距离三段保护动作，重合失败，造成 XL 变 35kV Ⅱ段、10kV Ⅱ段母线失电。XL 变站内所有断路器均在合位，遥控操作均失败，经查系 XL 变直流电源消失，造成 XL 变 10kV 线路保护、2 号主变压器低后备保护均未能出口跳闸。

（2）2013 年 2 月 6 日，HH 变 10kV CM8177 线开关柜故障引起越级跳闸，1 号主变压器后备保护动作跳闸，造成 10kVⅠ段母线失电。经查系 10kV CM8177 线保护拒动。

（3）2013 年 7 月 31 日，XQ 变 10kVJW079 线过流保护动作，断路器拒动，1 号主变压器后备保护动作跳闸，10kVⅠ段母线失电。将 JW079 线隔离后，恢复送电。

（4）2012 年 10 月 15 日，HK 变 HB3691 线过流保护动作，造成其下送 2 座 35kV 变电站全站失电。经查系 HB3691 线上所接 HB 电厂机组故障解列，导致 HB3691 线线路严重过载，HB3691 线过流保护动作跳闸。

对于此类故障，一般为上级线路后备保护动作，此时调度应查找故障原因，将故障隔离后试送，而不能线路故障后立即强送。

13.4　外力破坏事故

（1）2012 年 4 月 6 日，220kV JF 变 JY1114 线接地距离一段保护动作，断路器跳闸，全电缆线路重合闸停用。经查为地铁站施工触碰电缆。

（2）2013 年 1 月 20 日，BS 电厂 BG1181 线距离一段保护动作，断路器跳闸，重合失败。经查系 BG1181 线 12～13 号塔之间有吊机施工，因吊机安全距离不够引起放电，吊机移除后线路恢复送电。

（3）2014 年 1 月 2 日，220kV DL 变 LQ2R78 线两套纵联保护动作，距离 I 段后加速动作，断路器跳闸，全电缆线路重合闸停用。导致市区 220kV QF 变单线单电源送电，对电网影响很大。

（4）2014 年 7 月 26 日，220kV BY 变 1 号主变压器差动保护动作跳闸，经查系 1 号主变压器 110kV 侧避雷器下有一孔明灯，有烧灼痕迹，B 相避雷器外观检查无异常，泄漏电流在线检测装置烧毁，经更换主变压器避雷器后恢复送电。

（5）2014 年 7 月 19 日，220kV GL 变 GD1238 线接地距离一段动作，断路器跳闸，重合失败。110kV DS 变另一条 GQ1237 线因线路工作停役。导致 110kV DS 变全停。调度立即通知运维人员现场检查，并询问天气情况。得知地区天气晴好后，排除线路雷击可能性，怀疑架空线路遭外力破坏，许可县调快速巡线，经查系 13～14 号塔之间有吊车临时吊装广告牌刮碰导线引起拉弧导致跳闸，吊车移除后线路恢复送电。

对于外力破坏事故，调度应区别对待：

（1）电缆线路故障跳闸，一般由于工程施工电缆绝缘遭到破坏。对于这种故障，一般直接许可线路巡线。

（2）架空线路故障跳闸，重合失败的。应立即询问现场天气，如天气晴好，一般许可线路快速巡线而不进行强送。此类事故一般由于吊机碰线引起，如线路强送电，可能造成现场施工人员触电。

（3）站内主设备外力破坏，如风筝、孔明灯、塑料薄膜等飞进变电站。现场找到明显故障点后，将故障隔离后，一般可恢复送电。

13.5　典型事故调控处置

13.5.1　220kV 变电站全停

2010 年 9 月 11 日，“莫兰蒂”登陆，浙江部分地区出现强降雨雷暴天气，雷电击中 CDI 线架空地线，造成 CDII 线 12～13 号 LGJ 型架空地线断裂掉落，由于 CDI 线、CDII 线同杆架设，双线同跳，区域性停电。事故处理情况如下：

（1）事故影响。一座 220kV C 变、一座 220kV 牵引站 F 变、两座 110kV A、B 变全停。

（2）事故情况简介，电网接线如图 13-1 所示。

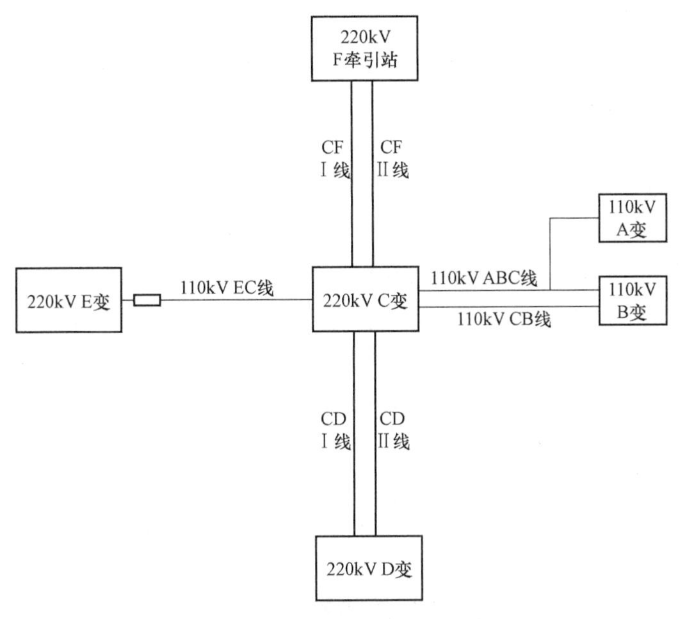

图 13-1　故障区域电网主接线图（一）

2010 年 9 月 11 日 220kV C 变 CDI 线与 CDII 线同时发生线路三相故障，CDⅡ线断路器三相跳闸，重合失败，CDⅠ线三相跳闸，20ms 后断路器 C 相重燃，断路器失灵保护启动，引起 220kV 正母Ⅰ段母差失灵保护动作，跳 220kV 正母Ⅰ段母线上所有断路器，220kV 正母Ⅰ段失电，从而引起 220kV C 变全站失电，220kV C 变供电的 CFⅠ线、CFⅡ线失电。省调从 220kV D 变侧对 CDⅡ线进行强送，后加速保护动作，断路器跳闸，强送失败。原因为强送过程中，220kV C 变 CDⅡ线 B 相流变起火。

（3）事故基本过程及处理方式：

1）监控系统显示 220kV C 变供区内有大量事故推图，令县调核实情况，及时汇报；

2）联系省调：220kV C 变可能全停，要求地调予以关注；

3）告 220kV 牵引 F 变相关情况，令其自行转供重要负荷；

4）220kV D 变询问：D 变事故情况，其告母差动作，具体情况待查，告其对侧 220kV C 变已全停；

5）省调要求转供 220kV C 变站用电，询问其可否对 220kV 线路强送，其告不可；

6）县调告其 220kV C 变全站失电，要求其保证 220kV C 变站用电；

7）220kV C 变汇报：220kV C 变全站失电，省调已发令将 1、2、3 号主变压器 220kV 侧改热备用，要求其将三台主变压器三侧都改至热备用状态，并告其已通知县调保证站用电；

8）220kV D 变询问 220kV 母线运行情况，协商将 220kV 正母Ⅰ段出线倒至副母Ⅰ段运行，现省调已将 C 变所有 220kV 断路器改热备用状态，调度已将 220kV C 变所有 110kV 断路器改热备用状态；

9）地区调度将 110kVA、B 变所有主变压器低压开关改热备用；

10）令县调转供 110kV A、B 变所用电及重要负荷；

11）地区调度通过 220kV E 变 110kV EC 联络线转供 220kV C 变 110kV 一条母线并送其上 110kV ABC 线，同时带出 110kV A 变及 110kV B 变主变，随后通知县调恢复 110kV A 变及 110kV B 变压器方式；

12）停用 220kV C 变 110kV EC 线保护，并调整相关拉开 110kV 站主变压器中性点。

13.5.2 110kV 变压器电站全停

2013 年 7 月 26 日，浙江部分地区出现午后雷阵雨天气，雷电击中 L1 线，造成 1 座 110kV 电厂全停，1 座 110kV 变电站全停。事故处理情况如下：

（1）事故影响：1 座 110kV C 电厂全停，1 座 110kV D 变全停。

（2）事故情况简介，电网接线如图 13-2 所示。

2013 年 7 月 25 日 16:13，110kV L1 线遭雷击，220kV A 变 L1 线路保护动作，断路器跳闸，重合成功。110kV C 电厂 L1 线路保护动作，断路器跳闸，重合闸停用，电厂机组解列。110kV L2 线路失电，110kV D 变全停，110kV E 变母分备用电源工作正确，未失电，E 变 110kV 故障解列装置动作，跳 5 条小电源线路。

（3）事故处理过程：

1）立即通知相关操作站、电厂检查站内设备情况，询问现场天气情况；

2）通知县调恢复 110kV E 站小电源线路；

3）地调将 110kV C 电厂 L2 线断路器改热备用；

4）110kV C 电厂 L1 线断路器改运行，L2 线断路器改运行，L2 线恢复送电；

5）110kV D 变、E 变恢复正常运行方式。

13.5.3 110kV 小系统运行

2012 年 11 月 7～9 日，220kV A 变 1 号主变压器 C 级检修。7 日 21:04，2 号主变压器差动保护动作，造成 110kV C 电厂带 E 变、G 变、F 变小系统运行。事故处理情况如下：

（1）事故影响：1 座 220kV A 变 35kV 失电，站用电全停；110kV C 电厂带 110kV E 变 I 段母线、G 变 II 段母线、F 变 I 段母线小系统运行。

（2）事故情况简介，电网接线如图 13-3 所示。

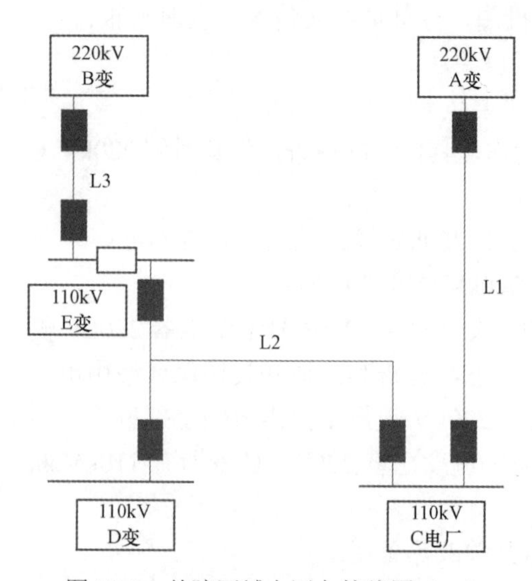

图 13-2 故障区域电网主接线图（二）

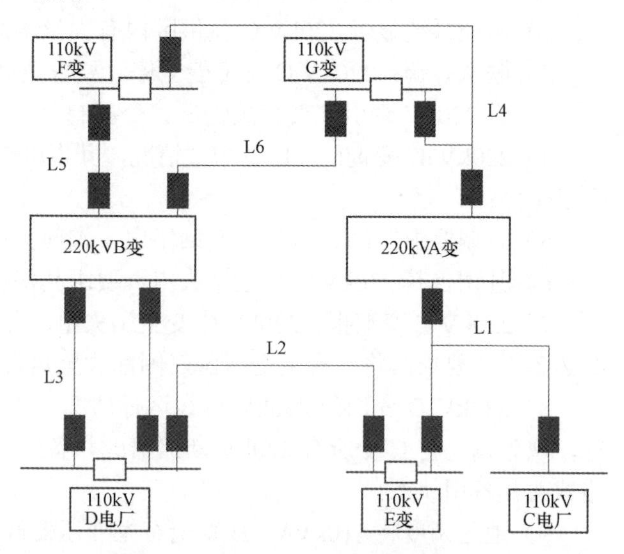

图 13-3 故障区域电网主接线图（三）

2012 年 11 月 7～9 日，220kV A 变 1 号主变压器 C 级检修。7 日 21:04，2 号主变压器差动保护动作，三侧断路器跳闸，造成 220kV A 变 35kV 侧失电，所用电全停。110kV C 电厂 4 台 15MW 机组带 110kV E 变Ⅰ段母线、G 变Ⅱ段母线、F 变Ⅰ段母线小系统运行，E 变、G 变、F 变低频周减载装置动作切除部分负荷，现该小系统频率 49Hz，A 变 110kV 母线电压为 105kV。

（3）事故基本过程及处理方式：

1）立即与 110kV C 电厂联系，控制机组出力，对该小系统进行实时调频调压。

2）联系县调，告其 110kV C 电厂带 110kV E 变Ⅰ段母线、G 变Ⅱ段母线、F 变Ⅰ段母线小系统运行，禁止 E 变Ⅰ段、G 变Ⅱ段、F 变Ⅰ段出线与系统其他出线解合环操作。

3）经计算，按小系统负荷数（或总出力）的 3%一个周波令县调进行拉限电；配合将小系统的频率迅速调整至（50±0.5）Hz 以内。

4）通知县调，转送 220kV A 变 35kV 负荷及站用电，并闭锁 110kV E 变、G 变、F 变 AVC 系统。

5）通知县调，通过先断后通的方式由 B 变大系统送出低频减载装置动作切除的负荷。

6）通知 220kV A 站现场检查；如不能尽快恢复主变压器运行的，将电压频率指标均调整到位后通过同期并网点（如有同期装置的 E 变 110kV 母分断路器）与大系统并网。

参 考 文 献

［1］国家电网公司人力资源部．国家电网公司生产技能人员职业能力培训专用教材　电网调度［M］．北京：中国电力出版社，2010．

［2］王世祯．电网调度运行技术［M］．沈阳：东北大学出版社，1997．

［3］贾伟．电网运行与管理技术问答［M］．北京：中国电力出版社，2007．